全国高等院校艺术设计类“十四五”精品规划教材
普通高等教育艺术设计应用型与创新系列教材

环境照明设计

主　编　梅剑平
副主编　周振辉　蔡婷婷

WUHAN UNIVERSITY PRESS
武汉大学出版社

图书在版编目(CIP)数据

环境照明设计 / 梅剑平主编. -- 武汉 : 武汉大学出版社, 2025. 2.
全国高等院校艺术设计类“十四五”精品规划教材　普通高等教育艺术设计应用型与创新系列教材. -- ISBN 978-7-307-24596-9

Ⅰ. TU113.6

中国国家版本馆 CIP 数据核字第 2024YC2373 号

责任编辑:黄　殊　　　责任校对:汪欣怡　　　装帧设计:高　蓬　韩闻锦

出版发行:**武汉大学出版社**　(430072　武昌　珞珈山)
(电子邮箱:cbs22@ whu.edu.cn 网址:www.wdp.com.cn)

印刷:湖北金海印务有限公司

开本:787×1092　1/16　印张:10.75　字数:227 千字

版次:2025 年 2 月第 1 版　2025 年 2 月第 1 次印刷

ISBN 978-7-307-24596-9　定价:58. 80 元

前　言

光对于空间的作用不言而喻。没有光，夜晚的空间将会是漆黑一片，设计的内容将无法显现；即便是相同的空间，如果采用不同的照明手法，也会给人带来不同的心理感受，这就是照明设计的魅力所在。

本书是一本专注于环境照明设计的专业教材，与同类教材相比，笔者力求在内容、构架与编排上有所创新。

首先，内容创新。在参阅了大量照明设计书籍后，笔者发现很多作者针对案例的细节分析较多，却鲜有从整体上去系统地阐述一个项目从开始到完工的过程，从而导致案例分析不够全面。因此，本书采用笔者自身参与过的实践项目为案例，利用大量的设计图纸及实景照片系统阐述项目设计的流程和方法，并在此过程中，将分散的知识点融入具体的设计环节，从而避免了孤立地阐述某个知识点。

其次，构架创新。开篇阐述研究对象，即环境照明的定义及研究内容，然后构建研究的理论基础，围绕光、光源及灯具的特性、人眼的结构及视觉特性等基本知识展开论述，随后，笔者从自身参与的项目实践中挑选出景观、住宅、餐厅等室内外设计案例并加以分析，总结照明设计的方法、流程以及规律供读者参考，并基于课程设计中对学生的作业过程和方法的分析，引导他们将基础知识进行综合运用，完成从理论分析到指导实践的推导过程。

最后，编排创新。由于照明设计涉及诸多学科，而本书篇幅有限，因此在内容的编排上有所侧重，即主要利用案例来阐述照明设计实践中常用的知识点及其相关方法与流程，对一些不常用且过于理论化的知识点则有所省略，旨在使读者快速掌握照明设计的方法。

撰写本书的最终目标，在于希望广大的设计师和在校学生通过阅读本书，能掌握照明设计的相关方法和理念，并将照明设计视为技术与艺术相结合的创造性工作。

在本书的编撰过程中，山东工艺美术学院王志飞、龙思妤、卜令君、田雅琴、段梦莉、付衍健、刘佳、王言清等人在资料收集和图文整理方面给予了笔者很多支持和帮助，在此表示衷心感谢。

由于水平有限，加之编写时间仓促，书中难免有不妥之处，敬请专家和设计界朋友指正批评。

梅剑平

目 录

第1章　概　　述

环境照明的发展趋势
环境照明的定义及研究内容
环境照明的视觉品质要求

1.1　环境照明的发展趋势

近些年，环境问题已成为人们最关心的话题。从古至今，从洞穴到伐木为屋，再到叠砌砖石的建筑，人们对建筑的理解逐步从“实体”转变为“空间”。随着近现代工业的发展，钢铁和混凝土梁框架结构的建筑大量出现，使得墙的作用从承重变为围护，窗户的尺寸逐步增大，空间从围合变为开放，人们开始意识到，建筑所涉及的不仅仅是室内空间，还涉及室内空间以外的其他因素，从而渐渐生成了“环境”的概念。环境在广义上既包括以大气、水、土壤、植物、动物、微生物等为内容的物质因素，也包括以观念、制度、行为准则等为内容的非物质因素，既包括自然因素，也包括社会因素；环境在狭义上是指与人居住息息相关的工作和生活空间。

20世纪末，住宅商品化的住房政策极大地刺激了中国地产业的发展，大量住宅及其配套公共设施的兴建为环境照明设计发展提供了平台。一方面，照明设计由传统的室内扩展至室外，人们不仅仅关注建筑本身，更关注建筑所处的环境，如城市的夜景照明环境等。另一方面，照明设计也从传统的追求数量变为更加注重质量，注重照明所创造的氛围，强调照明的展示性、目的性及节能性，追求照明效果与节能需求之间的平衡。

1.2　环境照明的定义及研究内容

环境照明的主要研究内容包含环境和照明两个部分。

1.2.1 环境和个人领域空间

1. 环境的定义和分类

在建筑学领域，“环境”是指人们在使用建筑的过程中，包括建筑内部和外部，所产生的生理、心理和社会意识的总和，既有物质的围合空间，又有非物质的心理感受空间。就物质的建筑内外部空间而言，在本书中具体指室内空间、建筑空间以及规划与景观空间等，如图 1-1 所示。建筑室内空间具体包括住宅、办公、商业及文化等不同功能性质的空间；室外空间则具体包括广场、街区及自然景观等区域空间，这些环境元素构成人们生活及工作的场所。

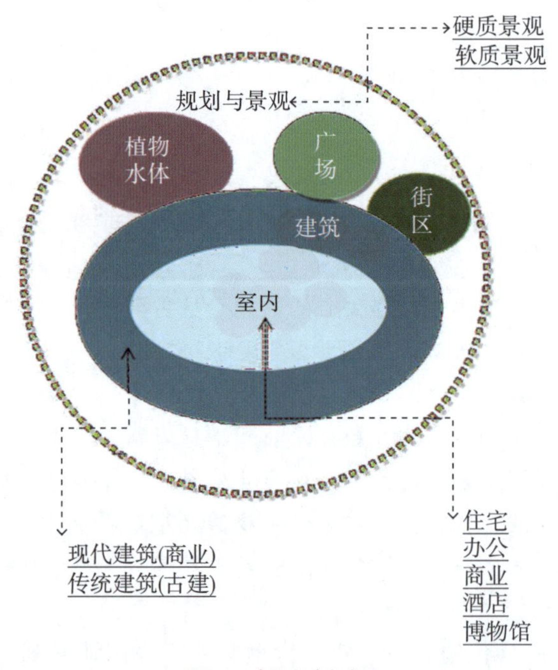

图 1-1 建筑内外部空间

2. 领域与个人空间

个人心理、生理的需求深刻影响着非物质的“环境”，具体是指个体所控制的领域。阿尔托曼提出了“领域感”的定义，即个人或群体为满足某种需要拥有或占有一个场所或区域，并对其加以人格化和防卫的行为模式。该场所或区域就是拥有或占用它的个体或群体的领域。所谓人格化，是指对特定的建筑场所或场景赋予个体的特征，使之能反映个体独特的心理特点，并成为具有个体特质的环境，如对于个人卧室的室内设计，设计元素更多的是反映居住者的心理、爱好等诸多内容，使卧室成为其人格化的场所。舒尔兹在《存在·空间·建筑》一书中称领域为具有类同性及闭合性的场所。

按照距离远近关系，可以将领域分为主要领域、次要领域及公共领域，分别对应人类领域行为的四个层次：公共领域、交往空间、家、个人身体，如图 1-2 所示。对于私密的个人空间，按照距离的远近也可以进一步划分，0~45cm 为亲密距离，45~120cm 为个人距离，120~360cm 为社会距离，公众距离则为 360~750cm，如图 1-3 所示。

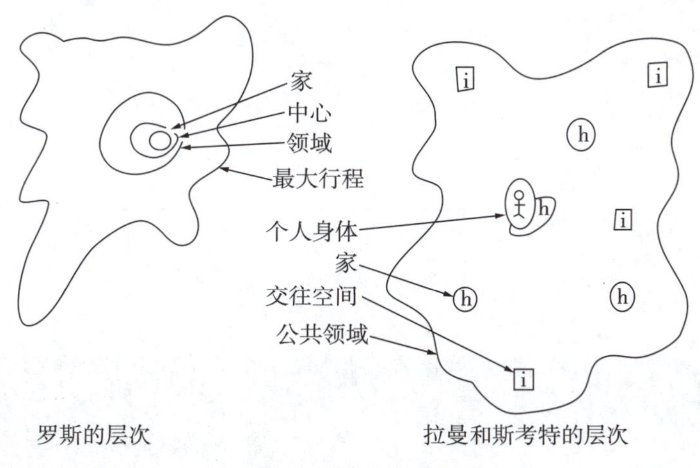

图 1-2 领域与个人空间

3. 领域性行为

领域性行为通常与基本的生活有关，如制订计划、预测他人的行为、参与不间断的活动等。领域性行为的基本内涵可以分为两个方面：一是认同感，二是安全感。具体而言，人类的领域性行为具有四项功能：保障安全、促进相互刺激、强化自我认同与界定管辖范围。

确定领域的基础是要得到他人的承认，可以通过两种方式来实现：一种是显性的，即通过做标记的方式来明确地表示领域的个人属性，如公司经理会在门上挂一块写着“经理室”的牌子，学生为了使自己在图书馆阅览室的座位不被别人占据，在离开时会放置个人物品，如图 1-4 所示；另一种是隐性的，即通过个人喜好的物品来强化空间的专有属性。对多数不懂装饰设计的人来说，新装修的房子硬装结束，也即装修公司完成流程化作业后，当个人入住并布置家具及摆放个人喜好的物品，空间往往会具有强烈的个人风格倾向，这种通过空间内容来体现空间专有属性的方式往往给人以更深刻的印象，如在个人活动的空间中堆满喜爱的书籍就是鲜明的个人化标志，如图1-5所示。

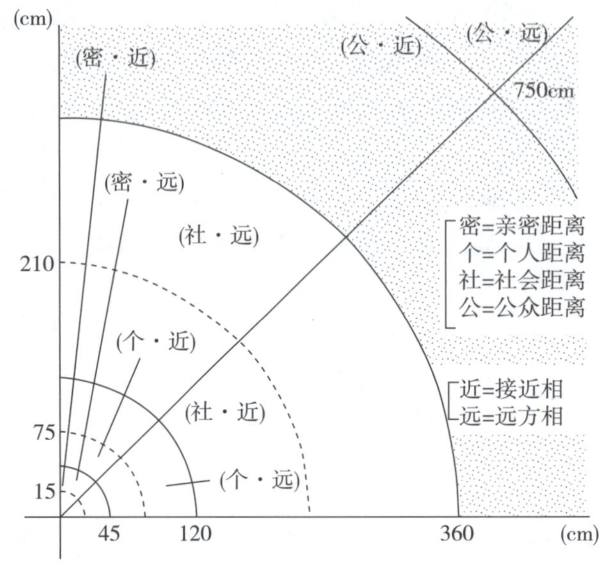

图 1-3 人的亲密关系与距离

图 1-4 图书馆座位上的书籍

图 1-5 阅读空间

1.2.2 照明功能

没有光，大地与天空一片漆黑，周边环境对于使用者来说都是不可见的空间，也就无“领域”可言，如图 1-6 所示。光不仅可以界定空间的范围，如角落的一盏明灯点亮的区域，而且其自身可以塑造特定形态，如在漆黑的夜空背景下，空中的烟火散落的形状，如图 1-7、图 1-8 所示。由此可见，通过照明及其所产生的光效应，我们可以发现或感知被光照射到的空间，并依据其照射范围确定领域。

图1-6 漆黑的夜晚

图1-7 光界定空间

图1-8 夜空中的烟火

在研究视觉环境对活动信息的要求时，应按照人们从视野中提取信息时所需要的信息类型来分别考虑，不同环境中的视觉作业和人类活动在难度和复杂性方面存在显著的差别，因此对照度也有着不同的要求。表1-1给出了酒店内不同功能空间的所需照度(《建筑照明设计标准》GB/T 50034—2024)，表1-2则给出了不同精度作业的所需照度(《室内工作场所照明》CIE S008/E—2001)。

但活动内容或作业要求的照度标准并不是照明设计的唯一参照标准，相关规范中用数量而不是质量来作为限定设计的判断标准，只是给照明设计提供定量的参考。要提高某个对象的照度标准，可以提高它的可见度，也可以降低它的可见度。例如，对一幅画进行照明，若忽略周边环境的影响，当照度从0升到150lx时，其可见度将逐步升高，但当继续增加照度时，有可能引起眩光而导致注意力分散，反而降低了画作的可见度。Yerkes-Dodson定律对此情景的心理学原理做过清楚的描述，即当刺激处于中等唤醒水平时，其功效最大；当其低于或者高于阈值时，功效就会逐步下降，如图1-9所示。从视觉的特征来看，当环境中的视觉刺激如颜色、亮度等增强唤醒水平时，视觉功效会提高或降低，也就是说，低唤醒水平不能达到最佳功效，过高的唤醒水平又会影响人们的集中力。

表1-1 **酒店各功能空间的照度要求**

房间或场所		参考平面及其高度	照度标准值(lx)
客房	一般活动区	0.75m水平面	75
	床头	0.75m水平面	150
	写字台	台面	300(混合照明照度)
	卫生间	0.75m水平面	150

续表

房间或场所	参考平面及其高度	照度标准值(lx)
中餐厅	0.75m 水平面	200
西餐厅	0.75m 水平面	150
酒吧间、咖啡厅	0.75m 水平面	75
多功能厅、宴会厅	0.75m 水平面	300
会议室	0.75m 水平面	300
大堂	地面	200
总服务台	台面	300(混合照明照度)
休息厅	地面	200
客房层走廊	地面	50
厨房	台面	500(混合照明照度)
游泳池	水面	200
健身房	0.75m 水平面	200
洗衣房	0.75m 水平面	200

表 1-2 **不同作业的 CIE 照度标准**

作业和活动类型	照度范围(lx)
室外入口区域	20-30-50
交通区、简单地判别方位或短暂逗留	50-75-100
非连续工作时使用的房间，如工业生产监视室、储藏间、衣帽间、门厅	100-150-200
有简单视觉要求的作业，如粗加工、讲堂	200-300-500
有中等视觉要求的作业，如普通机械加工、办公室、控制室	200-500-700
有一定视觉要求的作业，如缝纫、检查和实验、绘图等	500-750-1000
延续时间长，且有精细视觉要求的作业，如精密加工和配装、颜色辨认	750-1000-1500
特殊视觉作业，如手工雕刻、很精确的检验工作	1000-1500-2000
完成很复杂的视觉作业，如微电子装备、外科手术	≥2000

照明设计如同管理之道，必须懂得平衡，不能一味地增加照度，而忽略了照明的质量和人的心理需求。对于同一个空间采用不同的照明方式，会给人以不同的心理感受，如图 1-10 和图 1-11 所示。明亮的空间给人以开放、公共的印象，而低亮度的空间给人

以昏暗、私密之感。同样，由于暗区与亮度的对比，局部照明方式会让环境显得开阔、敞亮，而整体照明方式虽然使空间变得比较明亮，但也许会让人在空间中无所适从，显得焦躁不安，如图 1-12 和图 1-13 所示。

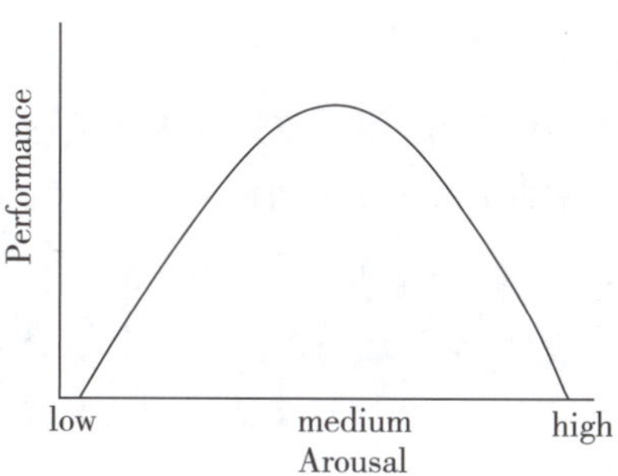

图 1-9　Yerkes-Dodson 定律的倒 U 形曲线

图 1-10　低照度空间

图 1-11　高照度空间

图 1-12　局部照明

图 1-13　整体照明

光文化与不同国家、地域的文化具有紧密的联系。在欧洲、东南亚地区，通常象征性地用夜间的黑暗来表示死亡，用白天的光明来表示生命，把昼和夜作为一对永远分不开的、绝对矛盾的自然现象来考虑。非科班出身的日本建筑大师安藤忠雄游历欧美时，受到朗香教堂的启发，在大阪的"光之教堂"中用十字形的光影效果来表达生与死的界限，给人以强烈的心灵震撼，如图 1-14 所示。

光文化在不同民族中的传承表现出多样性。例如，在光色运用方面，它与各民族对颜色的不同认知度和不同喜好有着密不可分的关系。中华民族自古以来偏爱红、黄两色。黄色在历史上曾被皇族独享，老百姓则偏爱红色，不论是结婚生子，还是喜庆寿宴，都用大红的喜字加上大红的灯笼，还有大红的服饰、大红的彩带，表现出色彩的特有的民族性——中华民族在"光文化"的传承中通常是以红色为基调的，彰显出鲜明的中国特色，如图 1-15 所示。

图 1-14 光之教堂

图 1-15 四合院中的红色灯笼

1.2.3 环境照明的研究内容

在室内设计领域，环境照明设计关注照明对人的生理及心理的影响，并对相关的地域、历史及民族文化因素展开研究。依据人的视知觉特征，环境照明设计的内容可划分为宏观、中观及微观三个层面——宏观层面涉及设计对象所处空间的范围、空间功能属性及审美、意识形态等氛围需求；中观层面则基于宏观光环境的特征，对照明设计进行光照图式、亮度水平及分布、光色等相关内容的规划和构思；微观层面则涵盖照明设计具体实施过程、施工步骤及产品选配，其中包含光源的光学参数及光源在多维空间布置等诸多内容，如图 1-16 所示。这三个层面相辅相成，逻辑关系紧密，形成了环境照明设计的系统化流程。

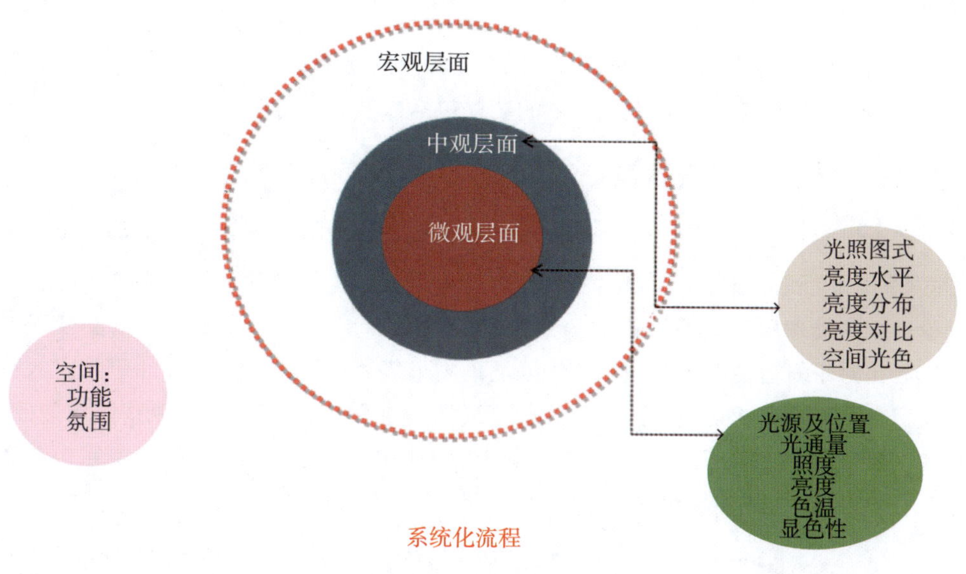

图 1-16 环境照明研究内容

如图 1-17 所示为环境照明研究内容中各要素之间的相互转化关系——设计者可以根据具体空间的功能特征发现使用者的心理需求，进而构建相应的照明空间，具体操作为通过不同的非量化指标，如空间表象、空间观感等及其相关照明因素来确定视知觉特征，从而完成照明设计的全流程，其中涉及亮度、照度等技术指标。

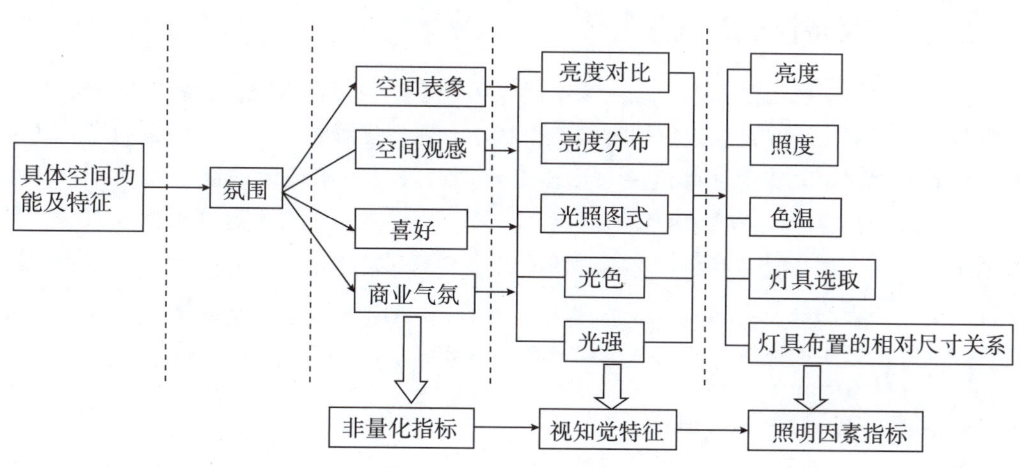

图 1-17 环境照明研究内容中各要素的相互转化关系

1.3 环境照明的视觉品质要求

优秀的环境照明设计既要考虑人的生理需求，也应考虑人的心理需求。具体而言，依据环境照明设计的流程，其视觉品质的要求包括以下几个方面：

1.3.1 考虑空间表达重点

无论多么吸引人的空间，离开了环境照明，将会变得一团漆黑，人将无法通过视觉去感知空间。空间，依据设计师的表达，在内容上会有主次和重点、非重点之分，环境照明设计首先要理解空间设计师的表达意图和主旨，用光去呈现场景中重点表现的内容。例如，对于舞台中心的照明，会依据场景内容表达的需求，将光聚焦于特定人物和物品。另外，环境照明切勿面面俱到，除了特殊需求外，应避免将环境整体均匀照亮，至少应在亮度层次上有所区分。例如，景观环境中的照明设计，切勿“逢山照山，遇水照水”，不仅会造成能源的浪费，也使设计表达毫无重点可言。

1.3.2 分辨细节

对于选定的光照对象，照明的效果可以分为两种：一是保证场景亮度满足基本需求，使人能够辨识物体的轮廓、形体以及物体之间的关系；二是对物体进行重点照明，使人能够观察物体表面的细节纹理特征。根据工作环境的精确度要求，照明设计会有所不同，如医用手术台的照度要达到1000LUX，且光源应来自多个方向，以确保在工作面上无重影现象，能够清晰呈现患者的手术部位，方便医生操作。总的来说，能够分辨细节的光照，对光源的照度、投射方向等方面具有较高的要求。

1.3.3 保持视觉舒适

视觉舒适是指在短时间内人眼对场景光照环境感觉到心理愉悦，或者在需要长时间作业的工作环境中，眼睛能维护预定的工作状态，保持生理机能正常。舒适的光照环境与个体的心理和生理感受息息相关。心理感受强调人对照明环境的综合肯定，涉及亮度、清晰度、冷暖感以及满意度等心理需求内容。生理感受是考虑到在工作状态下长时间的负荷因素，如长时间暴露于亮度过低或者过高的环境下阅读，会导致眼睛不适，产生酸胀感。生理的视觉舒适度不仅与光照强度、色温相关，还与环境亮度的对比度有关，如在亮度适中的环境中使用手机相较在黑暗环境中，视觉舒适度显著提高。

1.3.4 营造恰当的氛围

适宜的环境氛围源于视觉的舒适度。当个体沉浸在舒适的光环境中，会体验到心理上的愉悦。人的心理感受与光的图式、分布、色温以及强度密切相关。其中，点光照图式构成了亮度和阴影的动态变化，形成了可塑性强且具有吸引力的空间氛围，在商业空间中常用此方式营造出奢华感。局部光照图式是为满足完成某种工作或进行某项活动的需要，照亮特定的空间区域而形成的光照构图，它可以增加空间的开阔感。整体照明图式是均匀照明后形成的一种光照构图，能让空间显得更整体、更温和，为人的活动营造了舒适的安全感。光分布也指空间的亮度分布，可分为均匀分布和不均匀分布两种模式，不均匀亮度分布增强了空间的吸引力，但整体亮度印象不如均匀分布方式。色温决定了空间的温度感知，色温越高，空间显得越冷，更具有公共属性。在相同强度水平上，低色温空间显得更昏暗。光照的强度越高，对人的刺激性越强，越能激发人的潜在动力，增强空间的活跃气氛，常用于公共空间氛围的营造。

1. 领域性行为对环境照明作用关系的具体体现。
2. 环境照明研究的主要内容及其各要素之间的关系。
3. 环境照明视觉品质的具体要求。

第 2 章　人眼结构及人的视觉特征

人眼的结构及视觉范围
人眼的视觉特性

2.1　人眼的结构及视觉范围

2.1.1　人眼的结构

眼睛是一个构造极其复杂的器官，其前部的一小部分由具有弹性的透明组织构成，即角膜，光线从这里进入眼内。其余部分为白色不透明组织所包裹，称为巩膜。巩膜内部有一层名为虹膜的组织，其功能是调节进入眼内的光量。虹膜的颜色因含色素的多少和分布的不同而异，如黑色、蓝色、褐色等。在虹膜中间有一圆孔，称为瞳孔，如图 2-1 所示。

眼球主要包括聚光系统和感光系统两个部分。其运作机制就如一部摄像机，整个眼球包裹在一层巩膜之内，巩膜如同摄像机的黑箱。眼球的前部是聚光部分，由眼角膜、瞳孔、晶状体及玻璃体等结构组成。它们的功能是调节及聚合外界射入的光线。光线通过眼角膜、瞳孔及晶状体后，就会聚合在眼球的后部。

瞳孔具备透光性，并能根据光线的强弱调节其直径大小。在光线较暗的情况下，瞳孔的直径会变大，可以引入更多的光线；在光线较亮的情况下，瞳孔的直径会缩小，引入的光线就会相应减少。通过瞳孔与晶状体的协同作用，眼球能够适应不同距离与强度的光线条件。睫状肌的拉伸可使晶状体变形，从而调节屈光度，使光线能够聚集到视网膜上而形成影像。当观察目标距离较近时，晶状体变得较拱圆，屈光度增加；当观察目标距离较远时，晶状体变得较扁平，屈光度降低。这样能确保在不同的光照条件下都能形成高质量的影像。

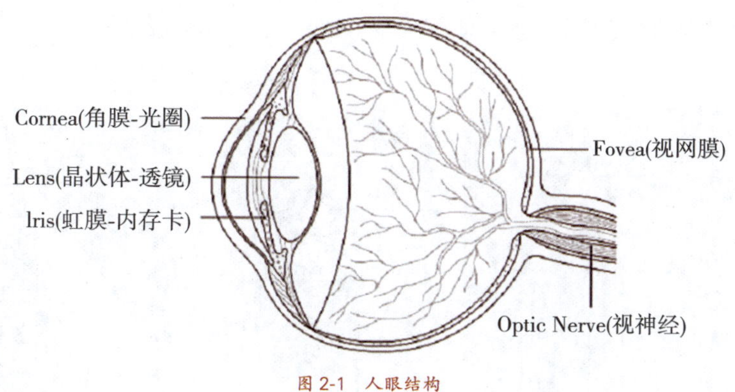

图 2-1　人眼结构

眼睛的后部结构为感光部分，主要由视网膜和两种感光细胞组成，即锥状细胞和杆状细胞，其功能是将晶状体聚集的光线转换成电信号，并通过神经细胞传送往脑部。锥状细胞和杆状细胞分布在视网膜中央的黄斑以及黄斑的周边区域（接近视网膜的中央，距离眼角膜最远的地方被称为黄斑），它们能检测光强度以及色彩的变化，并将这些视觉信息转化为电信号传输至脑部。脑部接收到电信号后就会触发一系列的思维活动，并产生相应的行动和反应。

值得注意的是，在视网膜的表面，杆状细胞和锥状细胞的分布是不均匀的，在感知中起关键作用的锥状细胞大部分集中在视网膜中央的黄斑区域。这是感光细胞最密集、视觉敏锐度最高的部位。在视觉识别过程中，眼球需要转动，直至影像聚集在黄斑区域。影像偏离黄斑越远，感光细胞越少，视觉清晰度也会相应降低。

2.1.2　视觉范围

1. 视角

人的视角主要有四种类型：平视、仰视、俯视、鸟瞰。

个体处于正常站立姿态时，视线在竖向约 30° 的视角内，上视 10.07°、下视 20.65°，称为平视，如图 2-2 所示。平视的具体范围一般以水平标准视线为基准，往上延伸 20cm、往下延伸 40cm 的区域。我国人口的平均高度是 169cm，按照这个高度来计算，最佳的平视高度在 129～189cm。平视能给人带来便捷、规则、有序的感觉，因此在导向标识设计中应用得较多。在垂直平面内，人眼的视野界限为向上 50°，在这个范围内的视线就被称为仰视，如图 2-3 所示。仰视能给人稳定、雄伟、高大的感觉，利用高大尺度的视觉元素形成的仰视效果，往往能带来强大的震撼力和视觉冲击力；而室内环境中，小尺度的导向标识在强调其仰视效果时，高度应控制在 320cm 左右，一般不超过350cm。在垂直平面内，人眼的视野界限为向下70°，在这个范围内的视线被称为俯视，如图2-4所示。俯视能给人带来亲切、活泼、随意的视觉感受。俯视效果会因环境差异而发生变化，俯视范围一般是从地面到80cm高度左右。

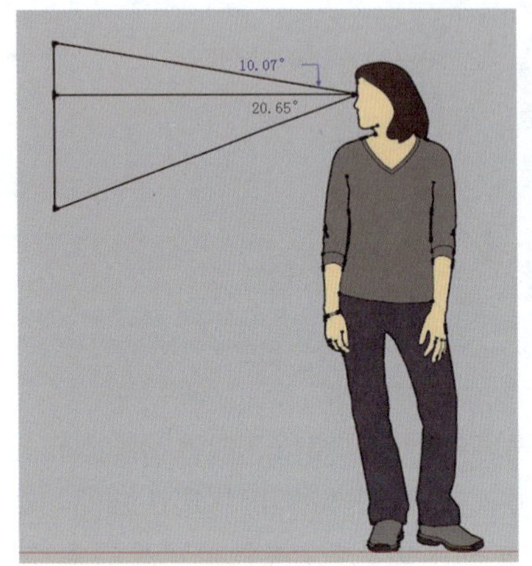

图2-2　平视

图2-3　仰视

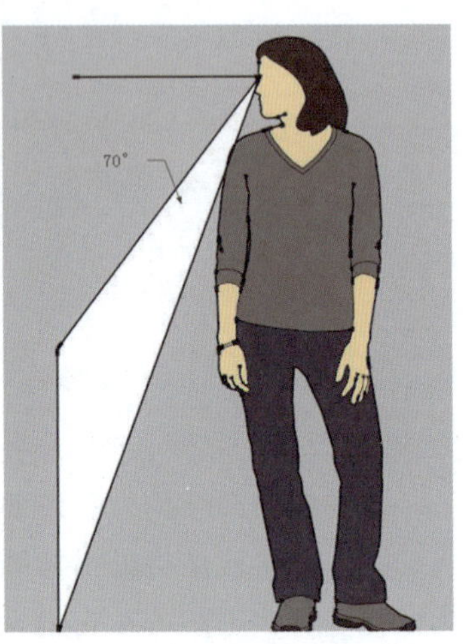

图2-4　俯视

需要注意的是，平视、仰视及俯视是相对性概念，会根据观察距离和空间位置的转变而发生变化，如处于平视范围的物体，在视角变化后，也会成为俯视范围的对象。一般而言，这三个概念多用在与人体尺寸相关联的设计领域。在青岛八大关景观带的夜景照明中，依据人的不同视角，设置了三种不同高度的道路灯具，分别对应平视、仰视及俯视的照明需求，如图2-5至图2-7所示。然而，图2-5中处在平视范围内的灯具照度过高，且未采取任何遮光处理措施，导致直接眩光问题比较严重，会影响游人的视觉舒适度。

图2-5　平视角下的路灯

图2-6　仰视角下的路灯

图2-7　俯视角下的路灯

平视、仰视及俯视，这三种视角关注的是在人眼的特定角度范围内照明设计的视觉效果，而鸟瞰则侧重于从整体上全面地去观察区域内的整体照明效果——当观察对象与观察者之间存在较大的高度差，且观察者站在较高的位置向下俯视时，就形成了鸟瞰视角。在图2-8中，城市及道路照明的亮度分布情况一目了然，但当人们置身于其中时，对此则并不能清晰掌握，所以从某种程度上，可以说明鸟瞰适用于照明设计的整体规划，而其他三种视角则适用于对局部空间的规划。但鸟瞰对环境的要求比较高，只有在地面高度差较大或者需要强调景观效果的情况下才会采用。

图 2-8　鸟瞰下的城市夜景

2. 视距

视距是指观察者的视点与被观察物体之间的空间距离，它受垂直视角和水平视角影响。视距的适宜性对于视觉体验至关重要，太小会引起目眩，太大时细节又会显得不清晰。因此，在导向标识系统的设计中必须处理好视角与视距的关系。一般来说，首先应考虑垂直视角，确定平视、仰视、俯视及鸟瞰中的某种视觉角度，再综合考虑人在水平方向上的视觉角度，最终根据两个方向上的视觉角度和标识的尺寸来确定视距，以实现最佳的视觉效果。

3. 视野

人眼的最大视距即视野，其范围如图 2-9 所示。视野之外的物体显然非视力所及，但是随着光照和色彩的变化，人的视野也会发生相应的调整。在一般情况下，随着光照强度增加，视距会扩大，视野也变得开阔；但在同一光照条件下，人眼辨别白色的视野范围最大，黄色、蓝色、红色的视野范围依次减小，绿色的视野范围最小。这主要是由于感受不同波长光线的锥状细胞在视网膜的中轴比较集中所导致的。

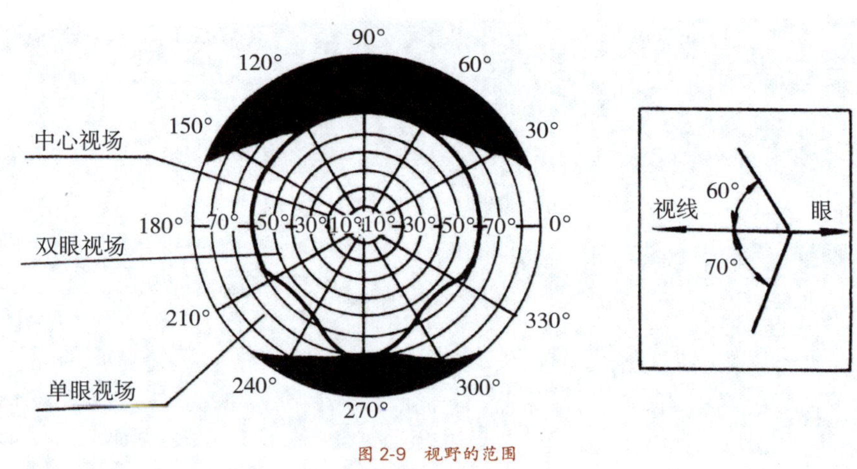

图 2-9 视野的范围

2.2 人眼的视觉特性

在人从外部获得的信息中，有 80%以上是通过视觉得到的。视觉特性是决定照明效果的主要因素。但是，由于视觉特性在照明效果呈现方面一般被视为间接因素，所以，在照明设计实践中很少有意识地去利用其特性。

2.2.1 识别阈限

视觉系统极为复杂，它具备很强的自调功能，但这种能力有一定的限度，即视觉器官可以在一个较大的强度范围内感受到光的刺激，但同时也存在一个临界下限值，当光强度低于这一限度时，就不再能引起视觉器官对光的感知了。能引起视觉感知的最低限度的光量，就被称为视觉识别的阈限。一般用亮度来度量，故又被称为亮度阈限。

视觉的亮度阈限与诸多因素有关。一是与目标物的尺寸有关。目标物越小，亮度阈限越高；目标物越大，亮度阈限越低。二是与目标物发出光的颜色有关。对波长较长的光，如红光、黄光，其亮度阈限值相对较低；对波长较短的光，如蓝光，其亮度阈限值相对较高。三是与观察时间有关。目标物呈现时间越短，亮度阈限值就越高；目标物呈现时间越长，亮度阈限值就越低。在一般情况下，亮度超过 106cd/m^2 时，视网膜可能会被灼伤。

2.2.2　明暗视觉

视网膜是人眼结构中负责感受光的部分，其上分布着两种类型的感光细胞，在边缘部位以杆状细胞占主导地位，在中央部位则以锥状细胞为主。这两种细胞对光的感受性是不同的。

杆状细胞对光的感受性较高，而锥状细胞对光的感受性相对较低。因此，在低照度环境下(视场亮度在 3×10^{-5}cd/m^2)，主要由杆状细胞参与视觉反应，锥状细胞不工作，这种视觉状态称为暗视觉。当亮度达到 3×10^{5}cd/m^2 以上时，锥状细胞开始发挥主导作用，这种视觉状态称为明视觉。明暗视觉转化效果如图 2-10 所示。

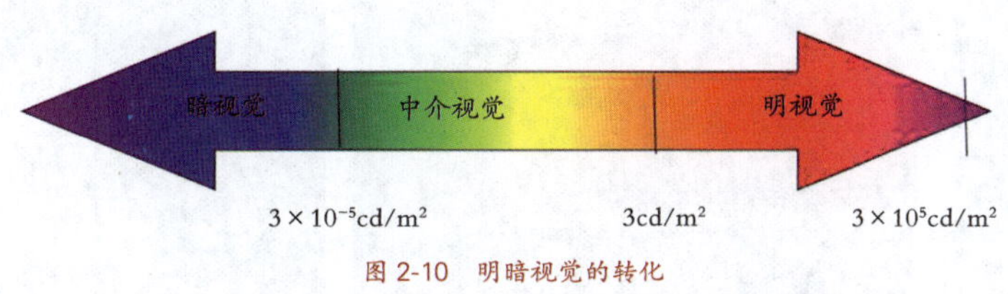

图 2-10　明暗视觉的转化

而视场亮度为 3cd/m^2 时，杆状细胞和锥状细胞同时参与视觉反应，这种视觉状态称为中介视觉。另外，杆状细胞与锥状细胞在光感方面表现出不同的光谱灵敏度。杆状细胞的最大灵敏度在位于 507nm 波长处，而锥状细胞的最大灵敏度在位于 555nm 波长处。在黄昏时分等低亮度环境中，即暗视觉状态下，杆状细胞工作时，绿光与蓝光相对显得明亮。而在白天等高度度环境中，即明视觉状态下，锥状细胞工作时，波长较长的光谱如红色光，显得更明亮。

杆状细胞虽然对光的感受性很高，但它却不能分辨颜色。锥状细胞只有在响应光刺激时，才有颜色感知。因此，在照度较高、视觉条件明亮的环境中，人们才能获得良好的颜色感知，而在低照度的暗视觉条件下，颜色感知则显著下降，此时，各种颜色的物体都给人以蓝、灰的色感。

2.2.3　明暗适应

人的视觉系统具备在不同条件下识别物体的能力，同时，人的瞳孔根据不同的亮度会发生相应的调节反应，以控制进入瞳孔的光线量。

当视觉环境内的亮度发生较大幅度的变化时，视觉系统对环境内亮度变化的顺应性就称为视觉适应。当人从黑暗的环境进入明亮的环境中，最初会感觉到刺眼，而且无法看清周围的物体，但过一会儿就可以恢复正常视力，这个过程称为明适应。当人从明亮的环境一下子进入黑暗的环境，在最初的一段时间里，什么也看不见，在逐渐适应黑暗后，才能分辨物体的轮廓。这个过程就称为暗适应。通常情况下，人要在暗环境中停留30~40分钟，视觉阈限才能逐步稳定在一定的水平。相对于暗适应而言，明适应一般所需时间较短，为1分钟左右。

在照明设计实践中，要充分考虑人眼的明适应和暗适应特征，加强过渡空间与过渡照明的合理安排和设计，才能避免视觉障碍情况的发生，如博物馆的展陈空间设计中，为了让展品更加突出，通常会降低基础照明，使得空间整体亮度水平不高，而把亮度部分集中于展示物。山东博物馆的佛教造像艺术展厅和大厅之间设置了一处过渡空间，它既可作为展厅的前序，也有效地承接了两个空间，参观者从大厅进入展厅前有一个暗适应阶程，让人眼能逐渐适应展厅环境，如图2-11至图2-13所示。

图2-11 佛教造像艺术展厅

图2-12 过渡厅

图2-13 透过过渡厅看大厅

2.2.4 视觉疲劳

当个体长时间地在恶劣的照明环境下工作，容易出现视觉疲劳现象，具体表现为视力模糊、眼胀、干涩、流泪等眼部不适症状，严重时会发展为眩晕、头痛等综合征。

视觉疲劳与照度密切相关。一般来说，照度在500lx以下时，容易出现上述疲劳状况；500~1000lx的照度范围适合绝大多数连续工作的室内作业场所；1000lx以上的照度对改善视功能、缓解疲劳没有显著效果。

第 3 章　光源与灯具

光与光源
灯具
光照方式与效果表达

3.1　光 与 光 源

3.1.1　光的基本性质

光是地球上生命的能量源泉之一，万物生长都离不开光。

光是一种能量形式，它通过辐射方式传送，并能刺激视网膜产生视觉感知。光是一种人类眼睛可以看见(接受)的电磁波(可见光谱)。在物理学范畴内，光涵盖整个电磁波谱。光是由一种称为光子的基本粒子组成，具有粒子性与波动性的双重特性，或称为波粒二象性。

光的传播途径被描述为直线，我们称之为“光线”。光可以在真空、空气、水等透明的介质中传播。光是以电磁波的形式进行传播的，波长的度量单位为纳米(nm)，它等于十亿分之一米。光在真空中的速度是目前宇宙中已知的最快速度，在物理学中用符号 c 表示。在标准大气压下，光在空气中的速度大约为 2.0×10^{8}m/s；光在水中的速度为 2.25×10^{8}m/s，约为真空中光速的 3/4；光在玻璃中的速度，约为真空中光速的 2/3。

1. 光的电磁理论

1900 年，由普朗克(M. Plank)大胆假设光能量的量子化，即电磁波只能携带一定基本单位的整数倍的能量。1905 年，爱因斯坦提出光量子假说，认为光波具有独立存在的粒子性质，这些粒子称为光量子，简称光子，其能量与电磁波量子化的基本单位相关，且与其频率成正比，频率愈高，光子的能量愈大。此外，电磁波的强度与光子的数量是成正比关系。

电磁波的可见光谱范围为 390~760nm，如图 3-1 所示。根据不同辐射能的波长与频率排列所得的图形被称为辐射能频谱或电磁波谱，包括宇宙射线(波长最短，频率最高)、γ 射线、X 射线、紫外线、可见光、红外线、微波、广播及电视等。接近中央地带即为可见光谱，是唯一能被人眼感知的部分，紫外线与红外线分别与其左右相邻；紫外线的频率较高、波长较短，红外线则频率较低、波长较长，两者皆不可见。有实验证明，光就是电磁辐射的一种形式，这部分电磁波的波长范围约在红色光的 0. 77um 到紫色光的 0. 39um 之间。波长在 0. 77um 以上到 1000um 左右的电磁波被称为“红外线”。在 0. 39um 以下到 0. 04um 左右的被称为“紫外线”。红外线和紫外线不能直接引起视觉反应，但可以用光学仪器或摄影方法去量度和探测。所以，在光学中，光的概念也可以延伸到红外线和紫外线领域，甚至 X 射线均被认为是光的一种，而可见光的光谱只是电磁光谱中的一部分，如图 2-14 所示。人眼对各种波长的可见光具有不同的敏感性。实验证明，正常人眼对于波长为 555nm 的黄绿色光最敏感，也就是这种波长的辐射能引起人眼最大的视觉效应，而越偏离 555nm 的辐射，其可见度会相应地降低。而且光因波长不同而有了颜色之别，透过三棱镜的分光实验，可清楚观察到红、橙、黄、绿、蓝、靛、紫色光，其中以红光的波长最长，紫光的波长则最短。中午的阳光平均包含了这些不同波长的色光，显现混合而成的白色光。

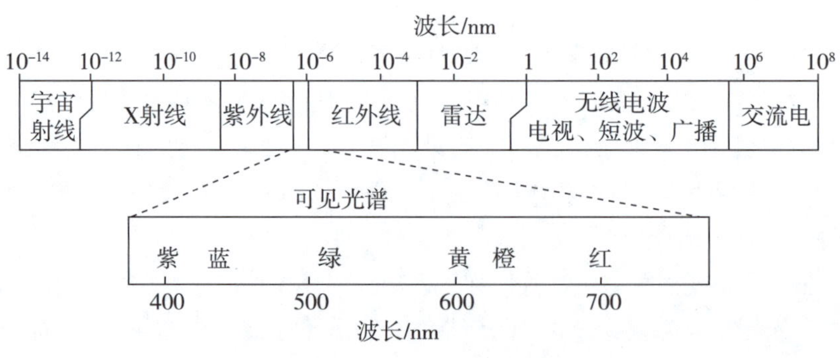

图 3-1　可见光谱的波长范围

紫外线辐射依据其与可见光的波长差异可分为近、中、远三区带。近程紫外线(UV-A)的波长为 320~400nm，此部分紫外线以“黑光”(300~400nm)为代表，其在可见光光谱内的对应部分为暗紫色。近程紫外线可使具有荧光成分的物质产生荧光效应，可用于辨识伪钞，或营造特殊舞台效果的场地如酒吧、舞池等。中程紫外线(UB-B)的波长为 280~320nm，日光浴即利用太阳辐射中此部分的紫外线来晒黑皮肤，但过度暴晒会晒伤皮肤，可导致皮肤老化甚至引发皮肤癌。某些光源则特别为进行人工日光浴而设计。通常大多数灯具使用的硬质玻璃即可过滤一部分紫外线。远程紫外线(UV-C)的波长为 200~280nm，远程紫外线辐射对人类极为危险，其在 220~300nm 波段可杀菌，但亦会对眼球造成伤害，导致白内障及眼角膜损坏，因此此波段的紫外线被广泛用于制药过程中的杀菌或医院病房中传染病的防控。

红外线辐射的波长为 770~1000nm。相较紫外线，红外线并不以波长来评量，而是以其如何作用于物体表面来评断，它主要应用于工业加热、烘烤，以及红外线检测，如自动门控制系统等。

鉴于紫外线和红外线的特性，在特殊场合的照明设计中应注意其对空间内的物品可能造成的伤害。例如，对于博物馆空间中的众多展品，如纺织品、纸张、颜料、染料等有机材料属于光敏物质，在光照条件下会发生光化学反应，如颜料褪色，纸张发黄、开裂等，因此，对于这些展品要加以保护。波长 400nm 以下的紫外线会引起光化学反应，打断物品有机结构中的碳链，导致表面碳化或脆化，红外线辐射产生的热量会增加材料的干燥度，使展品表面发生翘曲和龟裂。因此，在选择光源时，应降低紫外线和红外线的含量。博物馆传统上使用的是气体放电类和热辐射类光源，如荧光灯和白炽灯。随着技术的进步，低压卤钨灯泡的光谱分布偏向红外区域，紫外线辐射偏少，其耐高温的玻璃壳能滤去小于 320nm 的部分紫外线；荧光灯也多采用低紫外辐射、高显色性的型号，但是此类光源的技术革新只能削弱紫外线和红外线的影响，而非完全消除。近些年来，白光 LED 的发展使其有望取代传统光源，白光 LED 中不含有紫外线和红外线，低功率的白光 LED 适用于对光照敏感度低的展品，近几年开发的大功率 LED 则适合对光照不敏感的陶瓷金属等展品。

2. 光的活动

光本身并无实体，因此，我们的眼睛无法直接感知光的存在，只有当来自物体表面反射或透过的光进入人眼，或光与被照物产生某种形式的互动如反射、透射、折射、吸收、偏光、绕射或干涉等现象时，光才可以被感知及评量。

(1) 反射

人眼能看到的物体，其实是该物体所反射的光在人眼视网膜上成像所致。也就是说，没有光的存在，物体无法反射光，便无法被人眼察觉。当光遇到水面、玻璃以及其他许多物体的表面时都会发生反射。在反射过程中，反射光线、入射光线和法线都在同一平面内，反射光线、入射光线分居法线两侧；反射角等于入射角，这就是光的反射定律，如图 3-2 所示。光的反射可以分为镜面反射和漫反射两种类型。

①镜面反射：镜面反射发生于光亮平滑的表面，光线的反射角与其入射角相等；光源尺寸越小，理论上越接近点光源，反射光线的控制就越精确；又因反射光的集中特性，容易引起眩光，同时也可使被照物显得晶亮耀眼。

②漫反射：即光离开粗糙表面如平光白漆或灰泥墙面而向各个方向均匀散射的现象，可产生柔和的视觉效果。材质如雾面或具有质感的表面皆可产生漫反射，如图3-3所示。

著名建筑师路易斯·康在设计金贝尔美术馆时，聘用了照明工程师理查德·凯利，他设计了曲率精确的弧形铝质反光板，作为间接照明所需的反射面，其目的是巧妙地让天窗射入室内的自然光进行反光照射，如图3-4所示。

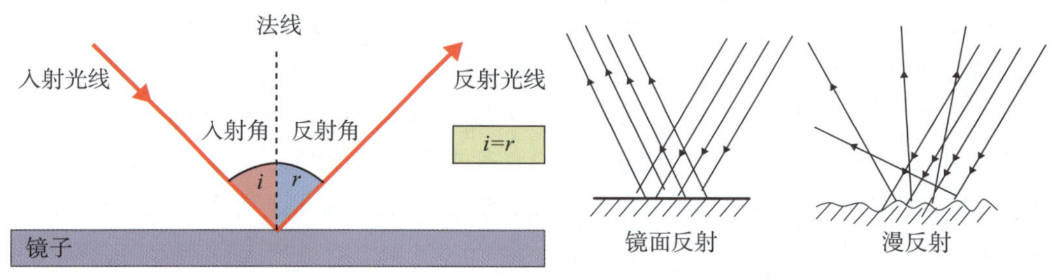

图3-2 光的反射定律

图3-3 镜面反射与漫反射

图3-4 金贝尔美术馆的采光天窗

(2)透射

光穿透特殊介质后的出射现象称为透射，该介质须具透光性，且部分光会被介质所吸收。透射可以分为直接透射、扩散透射和漫透射三种类型。

通常可直接透射者为透明材质，如无色玻璃、染色透明玻璃或透明亚克力，如图3-5所示。因部分光被透射物吸收的缘故，透射光通常稍弱于入射光；但其行进方向并无改变，即透射角等于入射角，因此光源的影像清晰可见。

通常可定向扩散透射者为半透明材质，如喷砂玻璃、压花玻璃或塑胶板，及某些玻璃砖等，如图 3-6 所示。光穿透介质后呈现一定程度的扩散，但其光束方向大体上仍保持一致，光源亦隐约可见。

通常可漫透射者为粗糙表面材质，漫射光朝各方向散射，且其光束的整体结构已不可辨，导致光源的影像变得模糊，如乳白玻璃或亚克力等，通常一般漫射穿透率为 40~60%，如图 3-7 所示。

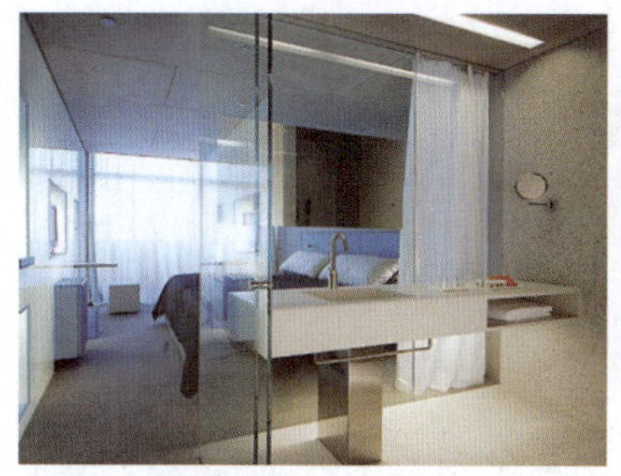

图 3-5　清玻璃的透射

图 3-6　玻璃砖的透射

图 3-7　云石片的透射

(3) 折射

折射是当光由一介质斜射入另一介质时，发生的传播方向改变的现象，如图 3-8 所示。例如，光从空气进入玻璃或水等介质时，因为介质的改变而造成光线的弯折。如果射入的介质密度大于原本光线所在介质的密度，则折射角将小于入射角。折射现象不仅在同种介质的不均匀区域中发生，而且会发生在两种介质的交界处。人们利用折射原理发明了透镜，如凸透镜与凹透镜。在折射过程中，光的传播路径是可逆的。

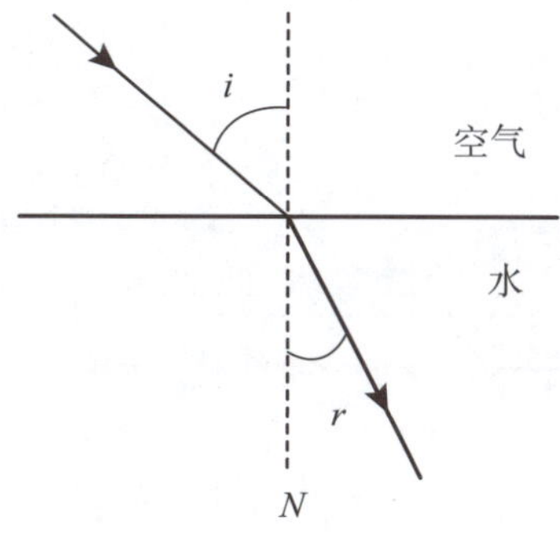

图 3-8　光的折射

(4) 吸收

当光线触及物体表面或介质时，无论是被反射还是透射，会伴随一定程度的光能损失，即部分光被此表面或介质所吸收，如图 3-9 所示。通常深色表面比浅色表面具有更高的光谱吸收率。

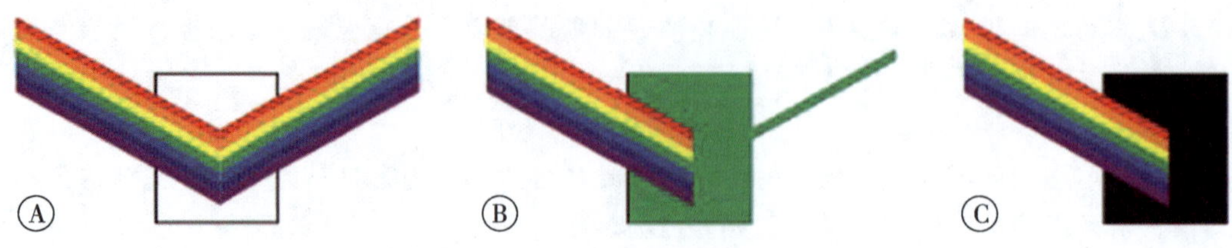

A. 白色物体会将所有的色光反射，所以呈现白色。
B. 绿色物体吸收大部分的色光，仅将绿色光反射，所以呈现绿色。
C. 黑色物体会吸收所有的色光，所以呈现黑色。
图 3-9 光的吸收

3.1.2 光的性能指标

1. 光强

光强是指光源向空间发射光的辐射通量，其数量可以用两个指标来表征：照度和亮度。照度是指物体被照亮的程度，采用单位面积所接受可见光的光通量来衡量，其单位为勒克斯(Lux，法定符号 lx)，即 Lm/m^2；亮度是指光源表面单位面积的发光强度，一般将人眼从一个方向观察光源，在这个方向上的光强与人眼所“见到”的光源面积之比，定义为该光源单位的亮度，即单位投影面积上的发光强度，亮度的单位是坎德拉/平方米(cd/m^2)。它们的关系如图 3-10 所示：

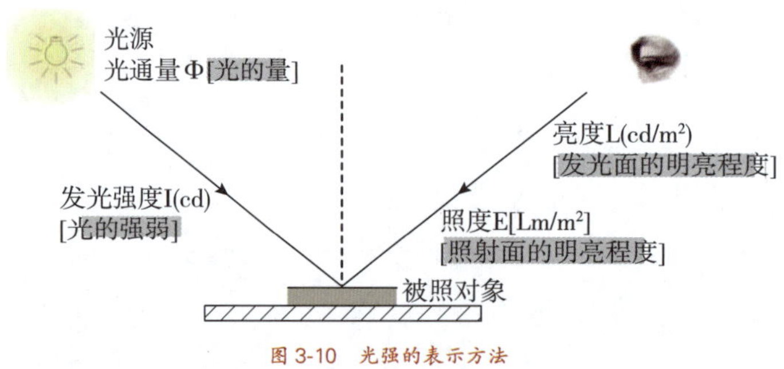

图 3-10 光强的表示方法

从表 3-1 中可以看出，照度、发光强度及亮度的概念均建立在光通量的基础之上，因受光面区域不同而产生差异，这对于概念的区别和理解具有指导意义。

表 3-1 光强概念的定义

类别	概　念	单位	表示字母
光通量	光源在单位时间内向周围空间辐射并引起视觉的能量	单位：流明(Lm)	(Φ)

续表

类别	概　　念	单位	表示字母
照度	指单位面积上所接受可见光的光通量。投射到被照面上的光通量与被照面的面积之比称为该面的光照度。E = Φ/S	单位：勒克斯(lx) Lm/m^2	(E)
发光强度	用于测定一个灯光源的光强分布，指某一方向上的光通量(Φ)与立体角(球面角 ω 的比值)。I = Φ/ω	单位：坎德拉(cd)	(I)
亮度	指发光体(反光体)表面发光(反光)强弱的物理量。人眼从一个方向观察光源，在这个方向上的发光强度与人眼所“见到”的光源面积之比，定义为该光源单位的亮度，即单位投影面积上的发光强度	单位：cd/m^2	(L)

人眼所感知到的空间整体亮度与光源的强弱及其分布密切相关，人眼在暗环境中捕捉亮点的特性，包含两层含义：一是在暗处捕捉光源；二是在相对亮度分布不均的环境中，人眼会下意识地关注亮度相对较高的区域，这就是亮度对比效应。一般来说，以相对黑暗一方为基准，当亮度提高 3 倍以上时，才会让人感觉到亮度对比效果。亮度分布在空间设计中发挥着重要的作用，特别在商业项目中，如服装店的橱窗照明设计，为了使商品更加引人注目，设计者会有意降低整体环境的照明水平，把重点照明集中于商品的局部区域，以吸引顾客或行人的注意力，如图 3-11 所示。

图 3-11　橱窗照明

如果在建筑的每个区域或者景观区域之间营造明暗对比，那么将会有什么效果呢？在此以济南的恒隆广场为例来讲解。该广场从主入口到商场内部专卖店，通过精心设计的亮度对比，将城市的夜景和建筑内部照明做有机连接，创造出连续且生动的空间效果，如图 3-12 所示。

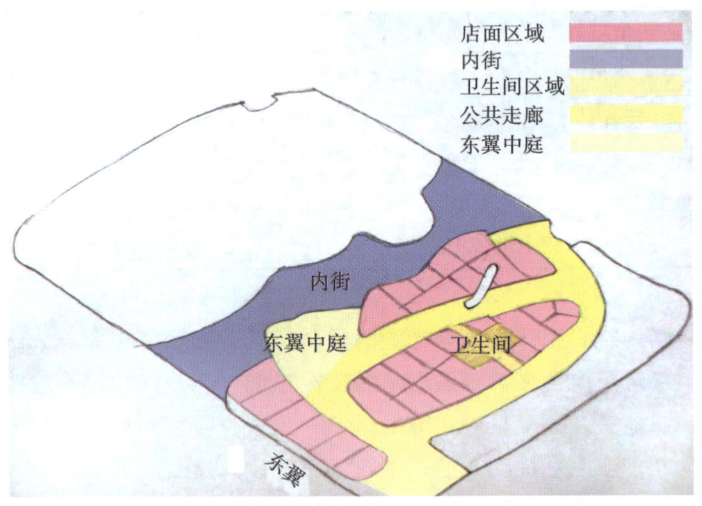

图 3-12 恒隆广场东翼平面图

首先，从护城河的弯月桥上远眺入口处，能看到昏暗的内街上有明亮的不规则几何状的灯具，引导人们向前行进到大厅入口处，如图 3-13 所示。从入口处进入大厅后，发现大厅的照明主要来自顶面的筒灯，大厅层高较高，但照度不高，约为 75lx，如图 3-14 所示。接下来是商场过道区域，由于层高相对较低，照度比大厅提高了不少，约

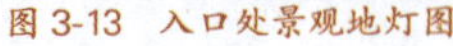

图 3-13 入口处景观地灯图

图 3-14 大厅图

120lx，没有极端的亮度对比，让人的心情趋于平静，光环境显得较为均衡平稳，如图 3-15 所示。在过道两旁的专卖店区域，则根据商品及其定位的不同，营造出不同的光环境氛围，有些店面的平均亮度比过道要高，有些店面的亮度则相对较低，如图 3-16、图 3-17所示。

图 3-15　过道

图 3-16　专卖店亮度(整体偏亮)

图 3-17　专卖店亮度(整体偏暗)

2. 色温

光源发散出光的颜色特性通常用色温(CT)或相关色温(CCT)作为描述指标，光源的色温是通过对比它的色彩和理想化的热黑体辐射体来确定的。热黑体辐射体与光源的色彩相匹配时，相应的开尔文温度就是该光源的色温。它与普朗克黑体辐射定律具有直接关联。

一般来说，发光颜色可以用色坐标系统来表示，但由于色坐标是通过X和Y轴的两个坐标数字来表示的，既不简洁也不直观，所以在研究与应用中多采用色温来表示照明光源的发光颜色，如图3-18(a)所示。当光源的色度坐标落在黑体曲线上时，那么它的色彩特性可以用色温(CT)来表示，如图3-18(b)所示。在色坐标中的点与黑体曲线的色温相对应，具有相应的相关色温(CCT)。人对光色的感知与光源的色温、种类以及室内主要表面材料的颜色反射率等因素密切相关。

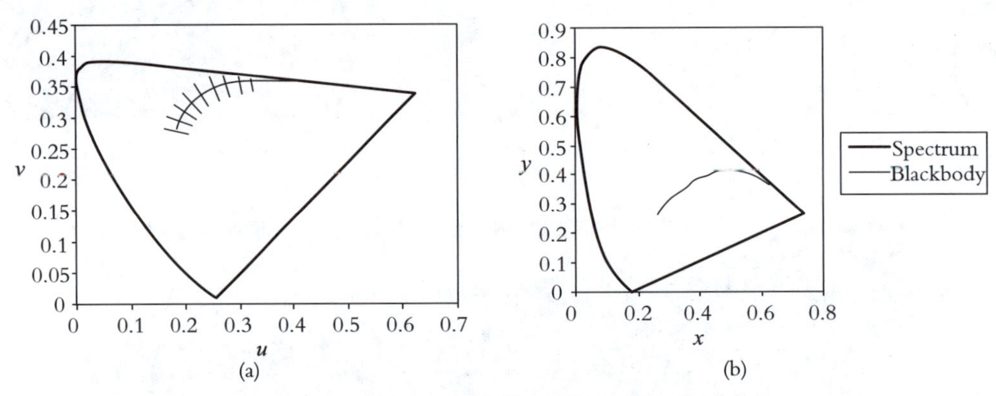

图3-18 1931年CIE色度图中标注色坐标的普朗克曲线

如图3-19所示为色温与光色之间的关系，3200K以下光色为暖白光，3200~6000K之间，光色逐步从暖黄色过渡到白色，6000~6500K之间为正白色，6500K以上则逐步从白色过渡到蓝色。综上所述，色温越低则光色偏暖，色温越高则光色偏冷。色温对人的心理具有很大的影响，在照明设计中应对此给予高度的重视。德波尔曾经说过，“从经验得知，低照度水平的低色温可以使室内产生缓和的氛围，而高色温在高照度水平下则使室内产生活泼的气氛”。荷兰人Kruithof在1941年通过实验证明了上述经验，如图3-20所示是他的实验结果，图中上部分黄色的阴影部分是被试感觉到色彩过重且不自然的部分，靠下的蓝色的阴影部分是被试感觉冷和昏暗的部分，只有两个阴影中间的部分是被试感觉到愉悦的部分——此部分就是他提出的，低照度低色温和高色温高照度结合的部分。

光源的色温同物体的颜色一样，通过色温的表现，可以影响人的心理状态。如图

3-21所示的快餐厅中使用高照度低色温光源时，会让人感觉到烦闷压抑，从而达到提高就餐速度的目的。在空间的一角，打开低色温光源的落地灯，昏暗的灯光下会让人觉得私密温馨。如图 3-22 所示的办公室则使用高照度、高色温的光源，让公共性空间显得更加明亮，从而使人精神振奋。

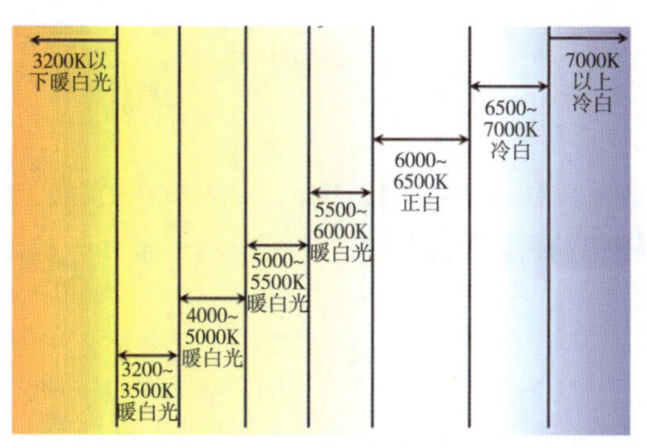

图 3-19　色温与光色的关系图

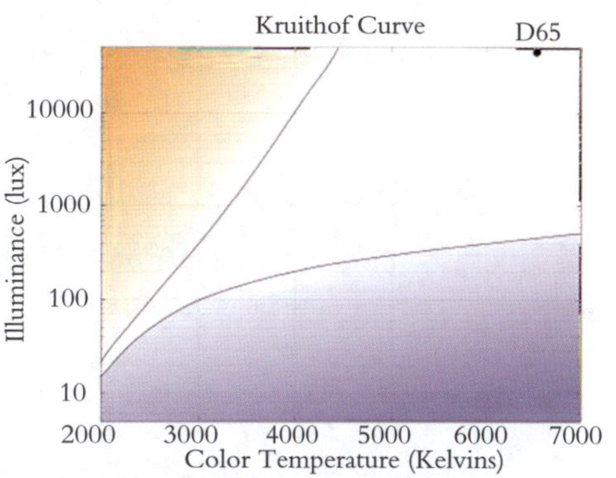

图 3-20　Kruithof 曲线

图 3-21　低色温的快餐厅

图 3-22　高色温的办公空间

3. 显色指数

显色指数系数仍为目前定义光源显色性评价的普遍方法，一般用平均显色指数(Ra)来评价。显色指数是基于基准光源和试验光源(8 种颜色)的光色偏色进行评估的。将偏色数值化、平均化，能忠实地再现试验光源光色的偏差为 0，Ra 数值为 100。偏差越大，数值越小。显色性的高与低的关键因素在于光线的分光特性，可见光的波长在 380~760nm 的范围内，如果光源所放射的光中所含的各色光的比例和自然光相近，那么我们眼睛所看到的颜色就较为逼真。显色指数(取值范围为 0~100)高的光源对自然光照射下物体所呈现的颜色的还原度越高；反之，显色指数较低的光源则会导致颜色失真，如图 3-23 所示。

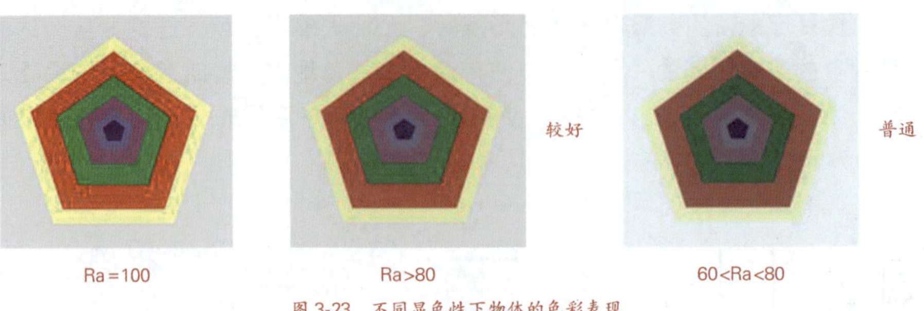

图 3-23 不同显色性下物体的色彩表现

不同的个体对色彩具有不同的偏好，因此，在进行照明设计时，对于显色效果，必须避免仅凭显色评价数据来确定光源，而应根据使用者的需求，并在自然光条件下确定物体的原色后，再选择最合适的光源。

4. 发光效率

发光效率指光源将电能转化为可见光的效率，具体指光源每消耗一瓦电能所发出来的光通量，表示为光源的光通量输出与它取用的电功率之比，简称为光效，单位是 lm/W。发光效率的高低对于评估照明设备的性能至关重要，它直接关系着能源的有效利用和光照质量的优化，因此，在照明设计中，应优先选用光效高的光源。

5. 眩光

由于光线在视野中的分布不合理或亮度范围不适宜，或存在极端的亮度对比，而引起的视觉不舒适感和观察能力降低的现象统称为眩光。眩光是影响照明质量和光环境舒适性的重要因素之一，对人的生理与心理皆有十分明显的影响。避免有害的眩光，对照明设计来说具有非常重要的意义。

按眩光产生的方式，可分为直接眩光、反射眩光和光帷眩光。直接眩光指的是正常视野范围内出现亮度过高的、由光源直接发出的光线。反射眩光指光源发出的光线经过镜子、玻璃或其他光滑表面的反射后，积聚成亮度过高的光线进入视野。光帷眩光指反射眩光像覆盖在物体上的一层幕布，是视觉对象的镜面反射，使其对比度降低，以致让人看不清物体的细节。

按眩光对视觉影响程度的不同，可分为不舒适眩光和失能眩光。不舒适眩光会引起视觉不适，但不影响视觉对象的可见度。失能眩光会降低视觉对象的可见度，但并不一定会使视觉产生不舒服的感受。目前，对人工光源在建筑内部空间产生的眩光，可采用统一的眩光等级来评价。

3.1.3 光源

光源是照明的核心因素，不同的光源具有不同的亮度、色温及显色性等特性，根据空间及场所位置的不同，可以选用不同的光源进行照明设计。

1. 光源发展史

在人类的发展进化史中，必然少不了人类对于光的探索与利用。从最初见到闪电的恐惧而产生对自然的敬畏，到后来的利用和改造自然，人类无时无刻都在发现和改变着周围的环境。人类最初使用的光源，据说是从堆积燃烧杂木和草根的焚火开始的，在夜间，他们利用火来防寒、御敌。渐渐地，人类开始根据自己的需要创造光源，生产力和生活水平因此得到极大的提高，难怪恩格斯说，“就世界性的解放作用而言，摩擦生火还是超过了蒸汽机，因为摩擦生火第一次使人支配了一种自然力，从而最终把人同动物界分开”。

人类自钻木取火开始创造人工光源，后来，人们发现在容易燃烧的木头里含有很多树脂，原始人把树脂涂在树皮或木片上，捆扎在一起，做成了照明用的火把，这成为某种意义上人类创造的第一件照明光源。但是，它不仅不好管理，而且还会产生大量的烟雾，常常引发火灾。为了克服这些缺点，人们发明了灯。最早的灯是在玻璃杯状的容器里，放上树脂或兽类的油脂块，直接点燃这些树脂或油脂块。但由于空气的供给不足，树脂等不能完全烧尽，而且每次的燃烧量大，又易产生烟尘。于是，人们逐渐开始使用灯芯。

随着灯的制造，蜡烛也产生了，在公元前 6 世纪前后，已经出现了简单的灯台。随着蜡烛的生产和普及，诞生了“烛台”，即在走路时能够拿在手中照亮的“手烛”等。蜡烛灯具相较灯油灯具来说，不仅使用舒适，而且携带方便，虽然价格比灯油昂贵，但其普及性更好。具有代表性的蜡烛灯具是“提灯”，根据其功能和用途的不同，出现了各种各样的形状，如利用竹子的弹力来将灯笼罩固定住的“弓形把手提灯笼”。

到了 19 世纪，美国开采出了石油，人们制造出以石油为燃料的煤油灯。它以之前所使用的煤油灯作为原型，且具备了灯台、油壶、带玻璃罩的喷灯、遮光用的灯伞等基本部件。在电灯问世前，人们普遍使用的照明工具就是煤油灯或煤气灯，由于煤气灯有漏煤气的危险，在家庭中很少使用，主要代之以煤油灯。但是，由于煤气灯在亮度和经济效益方面具有优势，所以很快就在工厂和商店里得到了应用。

电的出现，让人类的生产力得到一次飞跃。1879 年，爱迪生成功研制了碳丝灯泡，并将灯泡的使用时间维持了 13 个小时。到了 1880 年，爱迪生在试验了 1600 种材料后，终于用炭化竹丝做成的灯丝成功制造出世界上第一盏白炽灯，并在实验室持续发亮 1200 小时。白炽灯的诞生，标志着人类进入用电照明时代。白炽灯泡与之前的照明光源不同，它的特点是可以把光直接指向任意方向，相应地可以制作出各种各样形状的灯具。后来，人们又发明了 HID 灯和荧光灯等更先进的光源，光的利用已经可以被设计了。在短短的 100 多年中，从最初的白炽灯，到现在 LED 灯，人们对于光源的追求仍在不断地创新之中。

2. 电光源分类

(1) 热辐射光源

热辐射光源主要包含白炽灯和卤素灯，其原理是通过电阻丝发热而引起的热辐射来实现发光。

①白炽灯。

当电流通过灯丝(钨丝，熔点达 3000 多°C)时，由于电阻效应而产生热量，螺旋状的灯丝不断将热量聚集，使得灯丝的温度升高至 2000C 以上，灯丝达到白炽状态时，就像烧红了的铁一样发出光来。灯丝的温度越高，发出的光就越亮，故称之为白炽灯，如图 3-24、图 3-25 所示。

图 3-24　白炽灯

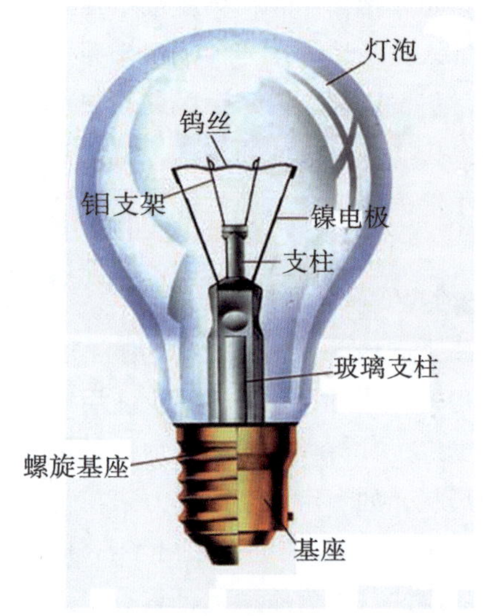

图 3-25　白炽灯的构造

白炽灯发出的光是全色光，但各种色光的成分比例是由发光物质以及温度决定的，若比例不平衡就会导致光色的偏色，所以，在白炽灯下的物体的颜色是不够真实的。白炽灯的寿命与灯丝的温度有关，因为温度越高，灯丝就越容易升华。传统白炽灯经过一段时间的使用后容易发黑——钨丝的升华形成钨气，钨气遇到温度较低的灯管壁而凝华就会导致灯管壁发黑，当钨丝持续升华，其直径逐渐变细时，通电后就很容易烧断，从而结束了灯泡的寿命。

白炽灯的优点是光源小、便宜，且具有种类极多的灯罩形式。白炽灯的色光最接近于太阳光，它的光谱是连续而且平均的，因此拥有极佳的显色性，还有可调光、耐频繁开关及无汞污染的优点，因此，相较其他类型的发光产品，它更适合需要频繁启动的场合。

白炽灯和卤钨灯相比较，卤钨灯的光效低，体积小，便于光控，色温高，显色性好，特别适用于电视转播照明、绘图照明、摄影及建筑物泛光照明等。卤钨灯不会发生白炽灯特有的在寿命末期所出现的灯泡变黑的现象，其光通量衰减得很少，可以提供比较稳定、持续的发光效率。但白炽灯制造方便，成本低，启动快，线路简单，因此被大量采用。

②卤素灯。

卤素灯也是我们日常生活中最为常见的光源之一，它是白炽灯的一个变种，相较白炽灯，具有更为优越的性能。

卤素灯的玻璃外壳中填充了卤族元素气体(通常是碘或溴)，当灯丝发热时，钨原子被蒸发后向玻璃管壁方向移动，当接近玻璃管壁时，钨蒸气被冷却到大约 800℃并和卤素原子结合在一起，形成卤化钨(碘化钨或溴化钨)。卤化钨向玻璃管中央继续移动，并沉积在被氧化的灯丝上，由于卤化钨是一种很不稳定的化合物，其遇热后又会重新分解成卤素蒸气和钨，这样一来，钨又在灯丝上沉积下来，弥补了被蒸发掉的部分。通过这种再生循环过程，灯丝的使用寿命不仅得到了大大延长(几乎是白炽灯的 4 倍)，而且由于灯丝可以在更高温度下工作，从而得到了更高的亮度、更高的色温和更高的发光效率。和白炽灯一样，按照安装方式来分，卤素灯可以分为螺口式和插口式，如图 3-26、图 3-27 所示，图 3-28 是安装 C4 卤素灯珠后的 MR16 灯杯，其中，MR 是 MultifaceReflect 的缩写，即多面反射(灯杯)，后面数字表示灯杯口径(单位是 1/8 英寸)，MR16 的口径=16X1/8=2 英寸≈50mm。

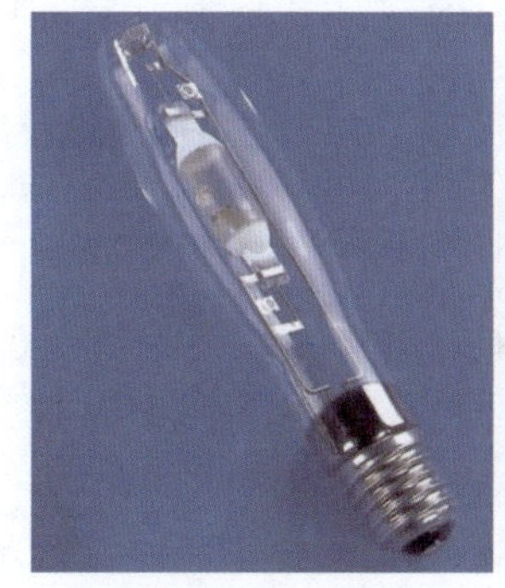

图 3-26　卤素灯泡

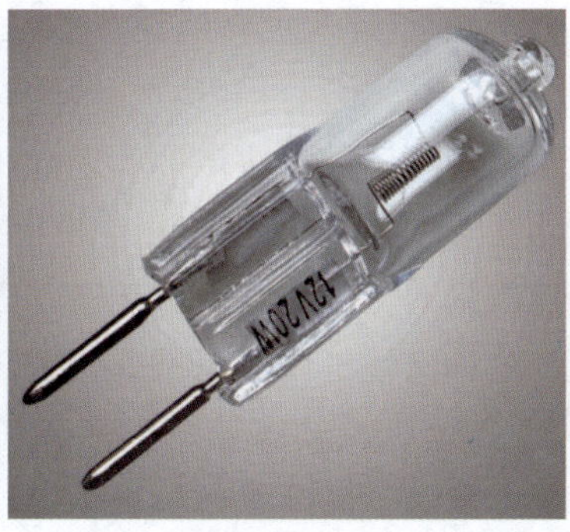

图 3-27　G4 卤素灯珠

图 3-28　MR16 卤素灯杯

卤素灯具有体积小、发光效率高(达 17~331m/W，为普通白炽灯的 2 倍)、色温稳定(可选取 2500~3500K)、光衰小(5%以下)、寿命长(可达 3000~5000 小时)等特点，显示出取代普通白炽灯的趋势。由于卤素灯是在白炽灯的基础上进行改进而制成的，所以它也存在着和白炽灯相近的某些性能，如使用寿命短、发光效率低。另外，卤素灯的色温较低(为2700K~3100K)，特别适合于舞台照明及剧场、画室、摄影棚等场所的照明。卤素灯一般可分为两种：碘钨灯和溴钨灯。

(2)气体放电光源

气体放电光源可分为低压气体放电光源、高压气体放电光源和辉光放电光源。其中，低压气体放电光源包括荧光灯、紧凑型荧光灯及低压钠灯，高压气体放电光源包括高压汞灯、高压钠灯和金属卤化物灯，辉光放电光源则以霓虹灯等为代表。

①荧光灯。

自20世纪50年代起，荧光灯大多采用卤磷酸钙，俗称卤粉。卤粉价格便宜，但发光效率不够高，热稳定性差，光衰较大，光通维持率低，因此，它不适用于细管径紧凑型荧光灯。1974年，荷兰飞利浦首先研制成功新型三基色荧光粉，它由氧化钇、多铝酸镁和多铝酸钡按一定比例混合而成(完整名称是稀土元素三基色荧光粉)，发光效率高(平均光效在801m/W，约为白炽灯的5倍)，色温为2500K~6500K，显色指数在85左右，用它做荧光灯的原料可极大地节省能源，这就是高效能荧光灯的来由。可以说，稀土元素三基色荧光粉的开发与应用是荧光灯发展史上的重要里程碑。

荧光灯的灯管内含有水银蒸汽和少量的惰性气体(氩气)，管壁上涂有荧光粉，如图3-29所示。当电子受到激发时，原子就会释放出可见光子。原子的电子具有不同等级的能量，主要取决于不同的因素，如它们的速度和离原子核的距离。电子不同的能量等级占有不同的轨函数和轨道。通常来说，有着大能量的电子就会离原子核更远。当原子得到或失去能量的时候，电子就会在低轨道和高轨道之间移动。当能量被传递给原子时——以热量为例——电子可以暂时被推进到一个更高的轨道(远离原子核)。电子只是在这一轨道位置停留极短时间，几乎马上就被退回到原子核，到达它的原始轨道上。此时，电子就以光子的形式释放出额外的能量。发光的波长取决于有多少能量被释放出来，这也取决于电子所在的轨道位置。因此，不同类的原子会释放出不同类的可见光子。换句话说，光的颜色是由受激发的原子种类决定的。这几乎是所有光源的最基本工作机制。这些光源的主要不同之处在于激发原子的过程。在灯管里，原子是通过化学反应来激发的。荧光灯的中心元件就是它的一根密封的玻璃管。这根玻璃管内含有少量水银和惰性气体，通常是氩等元素，这种惰性气体要保持非常低压。玻璃管内也含有荧光粉，一般在玻璃管内单独涂上一层荧光粉。玻璃管两端各有一个电极，用于连接到电流。当灯管内的惰性气体在高压下电离后，形成气体导电电流，运动的气体离子在与汞原子碰撞作用之间不断地给汞原子能量，使得汞原子的核外电子总能从低轨道跃迁到高轨道，之后汞原子的核外电子由于具有较高的能量会自发地再从高轨道向低轨道(或基态)跃迁，并以光子的形式向外释放能量，同时，由于汞原子的原子特征谱线大部分集中在紫外区域，可知汞原子释放出来的光子大部分也位于紫外区域，这些高能量的光子(紫外线)在和荧光粉的撞击之间产生了白光。

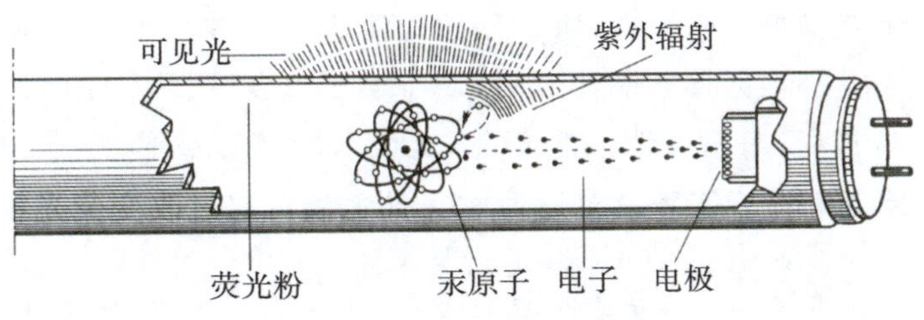

图 3-29　荧光灯工作原理图

荧光灯按照外形可以分为直管型荧光灯、紧凑型荧光灯、异型荧光灯三大类，如图 3-30、图 3-31 与图 3-32 所示。直管型荧光灯、异型荧光灯按照启动方式又可以分为预热启动式、快速启动式、瞬时启动式。在 220V、240V 电压的地区或国家，预热启动式荧光灯的使用量最大，通常需要配套使用启辉器或者电子镇流器。启辉器(或镇流器)的主要功能是启动放电、限制和控制灯管电流，以避免灯管频闪。此外，经过特别设计的电子镇流器还可以按需调节荧光灯的亮度。近年来，紧凑型荧光灯发展迅速，大有逐渐取代白炽灯之势，它具有环形、2D 形、H 形、U 形、螺旋形等多样形态，外形紧凑，体积和白炽灯大致相似，通常将启辉器(镇流器)等附件组合在一起使用，可以直接接入电源。紧凑型荧光灯不仅发光功率比白炽灯高约 6 倍之多，如 15W 的紧凑型荧光灯的亮度相当于 75W 的白炽灯，而且寿命长，平均寿命为 8000 小时，最长达 20000 小时，白炽灯只有 1000~2000 小时。因此，这种荧光灯也被称为“节能灯”。紧凑型荧光灯除了广泛应用于宾馆、住宅、商店等场所，在绿地、道路以及建筑物、桥梁轮廓等公共照明环境中也大量被采用。

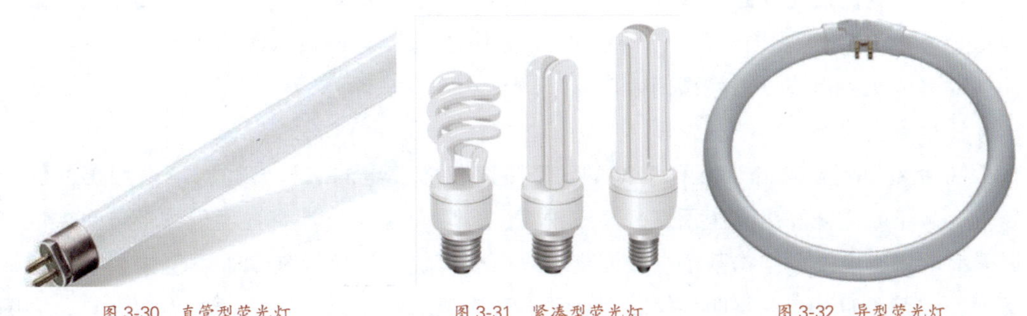

图 3-30　直管型荧光灯　　图 3-31　紧凑型荧光灯　　图 3-32　异型荧光灯

按照管径大小，荧光灯可以分为 T4、T5、T8、T10 及 T12 等规格，“T”代表“Tube”，表示管状结构，T 后面的数字则表示灯管的直径。T8 就是有 8 个“T”，一个“T”就是 1/8 英寸。一英寸等于 25.4mm。那么每一个“T”就是 25.4/8＝3.175mm，T12 灯管的直径就是 12/8×25.4＝38.1mm，T10 灯管的直径就是 10/8×25.4＝31.8mm。不同管径的荧光灯有不同的照明用途，粗荧光管如 T12、T10 可以作为厂房、办公室等空间使用的直接照明光源，相对较细的荧光灯如 T4 和 T5 也可以通过串线相连并以支架相托，作为室内间接照明使用的光源，如图 3-33 所示。不同长度的荧光灯管对应不同的功率，以 T5 灯管为例，常用的日光灯管长度与功率的对应关系为：8w 长 310mm；14w 长 570mm；21w 长 870.5mm；28w 长 1170.5mm；35w 长 1475mm。

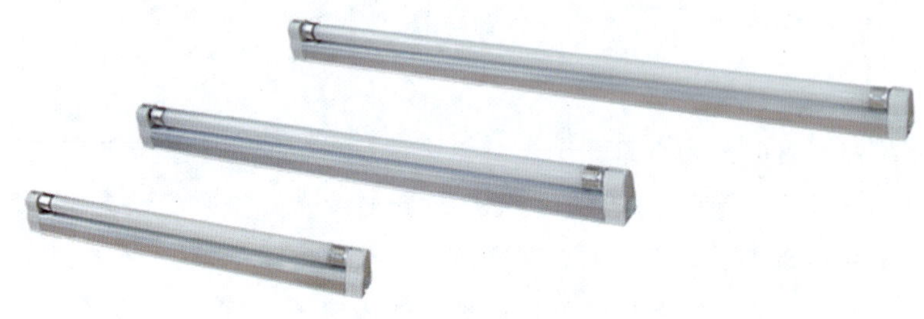

图 3-33 带支架的 T4/5 荧光灯

常用的荧光灯光源根据光色特性可以分为日光色、冷白色和暖白色三种。日光色的荧光灯(色温 6500K)多用于办公室、会议室、设计室、阅览室、展览展示空间等，给人以明亮自然的感受；冷白色的荧光灯(色温 4300K)多用于商店、医院、候车亭等室内空间，营造愉快、安详的感觉；暖白色的荧光灯(色温 2900K)多用于家居空间、医院、宿舍、餐厅等室内空间，给人以健康与温暖的感受。

一般显色指数大于或等于 80 以上的荧光灯通常被称为高显色荧光灯。这类灯大多涂覆稀土三基色荧光粉涂层，其发光效率较高，部分 T8 和全部 T5 荧光灯属于这类产品。

荧光灯的优点是发光效率要比白炽灯高得多，在使用寿命方面也优于白炽灯；缺点是显色性较差(光谱是断续的)，特别是它的频闪效应，容易使人眼产生错觉，在实际应用中应采取相应措施以消除频闪效应。

②金属卤化物灯。

20 世纪 40 至 60 年代，科学家发现了提高气体放电的工作压力时所表现出的优异特性，又不断地开发出高压汞灯、高压钠灯、金属卤化物灯等高强度气体放电灯，由于其具有功率密度高、结构紧凑、光效高、寿命长等优点，因而在大面积泛光照明、室外照明、道路照明及商业照明等领域得到了广泛应用。其中较有代表性的为金卤灯，如图 3-34 和图 3-35 所示。

在含有汞和稀有金属的卤化物混合蒸汽中，通过电弧放电来发光的放电灯，金属卤化物灯是在高压汞灯基础上添加各种金属卤化物制成的第三代光源，如在照明领域采用的钪钠型金属卤化物灯，该灯具有发光效率高、显色性能好、寿命长等特点，是一种接近日光色的节能型新光源。

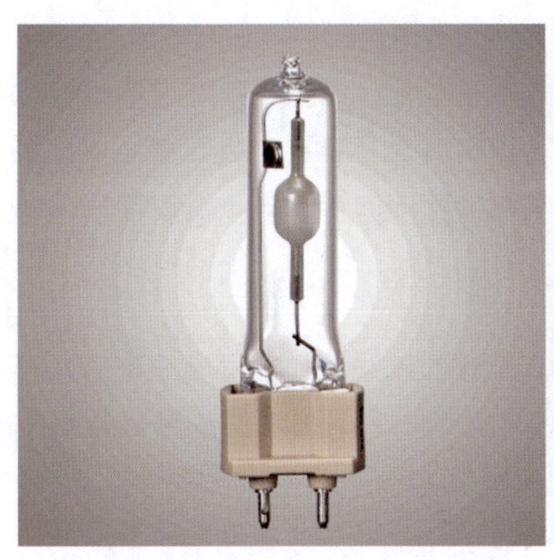

图 3-34　插接式金卤灯

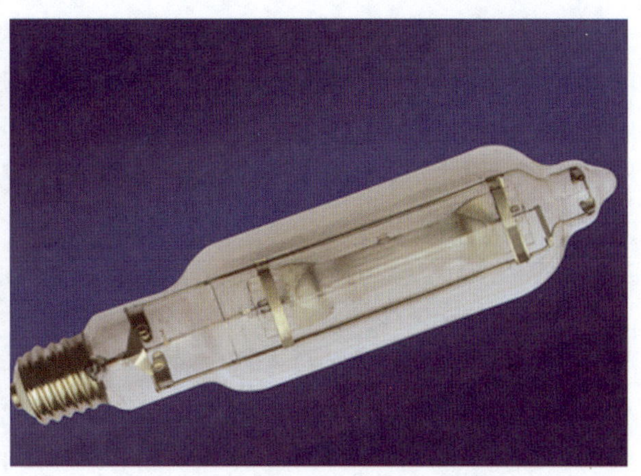

图 3-35　螺口式金卤灯

电弧管内填充了汞、惰性气体和一种以上的金属卤化物。在电弧管工作时，汞蒸发，电弧管内汞蒸气压达数个大气压(零点几个 MPa)；卤化物也从管壁上蒸发，扩散进入高温电弧柱内并分解，金属原子被电离激发，辐射出特征谱线。当金属离子扩散并返回管壁时，在靠近管壁的较冷区域中与卤原子相遇，并且重新结合生成卤化物分子。这种循环过程不断地向电弧提供金属蒸气。电弧轴心处的金属蒸气分压与管壁处卤化物蒸气的分压相近，一般为 1330~13300Pa。通常采用的金属平均激发电位为 4eV 左右，而汞的激发电位为 7. 8eV，金属光谱的总辐射功率可以大幅度超过汞的辐射功率。因此，典型的金属卤化物灯输出的谱线主要是金属光谱。充填不同种金属卤化物可改善灯的显色性(平均显色指数 Ra 为 70~95)。汞电弧总辐射中仅有 23%在可见光区域内，而金属卤化物电弧的总辐射则有 50%以上在可见光区域内，灯的发光效率可高达 1201m/W 以上。金属卤化物与电极、石英玻璃之间以及卤化物相互之间在高温下都会引起化学反应。它容易潮解，极少量水的吸入可造成放电不正常，使灯管发黑。电极电子发射物质系采用氧化镝、氧化钇、氧化钪等，以防止发射物质与卤素发生反应。电弧管内有些金属(如钠)会迁移，使得卤素过量，导致卤素负电性极强，引起电弧收缩和启动电压、工作电压升高。金属卤化物灯仅靠触发电极的作用并不能可靠地启动，一般采用双金属片启动器，或者采用有足够高启动电压的漏磁变压器，也有采用电子触发器的。金属卤化物灯的点燃还需要限流器(即镇流器)，其工作电流比同功率高压汞灯的要高一些。

金属卤化物灯综合了汞灯、荧光灯及白炽灯的优点，具有光效高、节能、显色性好、色温高等特性。金属卤化物灯发光效率特别高，光效高达 80~901m/W，且正常发光时产生的热量少，因此被视为一种冷光源。由于金属卤化物灯的光谱是在连续光谱的基础上叠加了密集的线状光谱，故显色指数特别高，即彩色还原性特别好，可达 90%。另外，金属卤化物灯的色温高，可达 5000~6000K，专用投影机灯可达 7000~20000K。在同等亮度条件下，色温越高，人眼感知的高度越强。金属卤化物灯因亮度高、体积小，故相对寿命短。

由于材料、工艺的限制，如今国产金属卤化物灯的寿命一般在8000小时。

除了性能表现优秀之外，金卤灯还具有良好的系统兼容性，能够在汞灯或钠灯镇流器系统上使用，可轻松方便地替换钠灯、汞灯，如HPI-BUS型不需要触发器就可以直接替换汞灯。因此，工厂在不进行任何电器改装，节省额外成本的情况下，能立刻完成节能改造并提升照明环境。

③钠灯。

钠灯是利用钠蒸气放电的气体放电灯的总称。该光源的光线柔和，发光效率高，可分为低压钠灯、高压钠灯两大类，如图3-36、图3-37所示。低压钠灯的放电辐射集中在589. 0nm和589. 6nm的两条双D谱线上，它们非常接近人眼视觉曲线的最高值(在明视觉条件下，人眼对波长约为555nm色光的敏感度最高)，故其发光效率极高。高压钠灯的工作蒸气压大于0. 01MPa。高压钠灯的研发主要是为了克服低压钠灯单色性太强、显色性很差、放电管过长等方面的局限性。

图3-36 金属钠灯

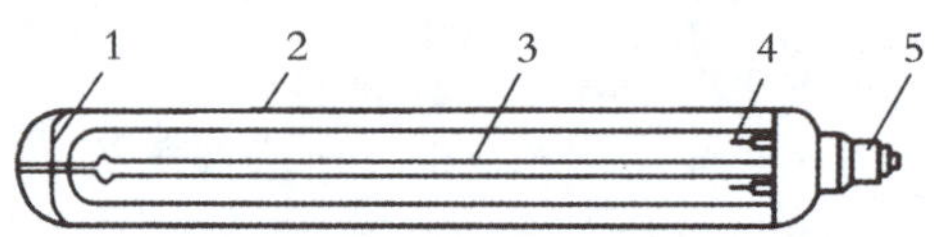

1—固定弹簧；2—外玻壳；3—放电内管；
4—电极；5—灯头

图3-37 金属钠灯的结构

低压钠灯，是利用低压钠蒸气(工作蒸气压不超过几个Pa)放电而产生可见光的电光源，发明于1930年。低压钠灯系统具有光效高、温升低、重量轻、自身功耗小、功率因数大等特点，可以最大限度地提高低压钠灯的光效。低压钠灯辐射单色黄光，显色性一般，适用于照度要求高但对显色性无要求的照明场所。高压钠灯具有发光效率高、耗电少、寿命长、透雾强和不诱虫等特点，一般可分为普通型、高显色型、高光效型、低汞型、农用型等。

因其具有长寿命、高光通、高光效、透雾性能佳等特性，钠灯主要应用于道路、机场码头、港口、车站、广场以及无显色要求的工矿照明等。用作路灯的钠灯，在夜间可提供良好的路面能见度。它发出的橘黄色光，在雾天的透射力强且柔和，能让人们将物体看得很清楚。所以，在不少交通要道的人工照明设计中，都使用钠气灯，以有效减少汽车的交通事故。在功能性照明领域，现今节能光源产品如无极灯和 LED 灯仍然处于技术发展阶段，钠灯还将是这类照明场所的主流产品。

④霓虹灯。

霓虹灯又称氖灯，是一种冷阴极放电灯，它的中文名称是从“NEON LAMP”音译过来的，其中“neon”指的就是稀有气体氖。1910 年，法国科学家克洛德制成了世界上第一支商业性霓虹灯，成功地用于巴黎皇宫大厦的装饰照明，引起了极大的轰动。20 世纪 30 年代中期荧光粉的发现标志着从此进入了用荧光粉管制作霓虹灯的新时期，结束了用透明无色玻璃制作霓虹灯的统一局面，开创了霓虹灯发展史上的又一里程碑。

透明玻璃管制成的霓虹灯有不少缺陷：一是色彩不够丰富，二是某些色彩的填充气体价格昂贵；三是涂敷透明玻璃漆的方法会降低霓虹灯的光效；四是去气、充气工艺比较复杂。而采用荧光粉管制作的霓虹灯，克服了上述缺点，并且颜色极为丰富，光效大为提高，适用性也得到增强。

霓虹灯是把涂有各种颜色荧光粉的玻璃管(称为粉管)在高温下弯制成文字或图形，进行抽真空处理后充入氩、氦、氖等气体，并在两端封接一对铜或不锈钢电极而制成，如图 3-38 所示。霓虹灯工作时，必须配备霓虹灯变压器，将 220V 交流市电升高至 15000V，使气体放电而发出艳丽的光辉，有红、黄、绿、橙、蓝、白、粉红等多达十几种颜色可供选择。由于其亮度高、颜色鲜艳，且能组成千变万化的各种文字和图形，因而成为户外招牌、广告使用最多的电光源，同时也作为室内装饰灯具大量用于酒店、餐厅、歌舞厅等场所。霓虹灯广告牌经常配用各种鼓式闪光器或电子逻辑电路，使广告牌产生多种闪光、变光、变色和变化图案等特殊效果，电子式调光装置中的程序储存，可以使用集成电路存储和微型电子计算机等，并按照各个程序进行选择应用即可。

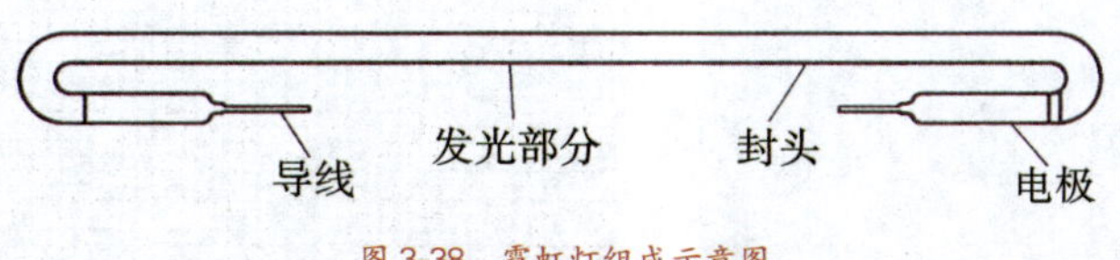

图 3-38　霓虹灯组成示意图

近年来，随着技术的进步，出现了一种更实用和美观的柔性霓虹灯，它是国际发光显示照明领域的新一代产品，其外形与普通电话线相仿，表层为彩色荧光塑料套管，工作时能连续发光而无任何热辐射产生，且耗电量只为 LED 灯的 50%~70%、普通霓虹灯的 1%~10%。

(3) 固体发光光源

常见的固体发光光源是指 LED(Light-Emitting-Diode)，即半导体发光二极管。

20 世纪 60 年代，科学家开发出第一个实用可见光 LED，随后又相继开发出各种单色光 LED。近年来，LED 的光效不断提升，并突破单一颜色的局限性，向白色光照明迈进。由于其采用固体半导体材料作为发光介质，加电后，半导体中的载流子发生复合，从而引起光子发射并发出可见光。因其具有结构紧凑，可控性好，启动快，寿命长，环保节能等优点，开启了在照明应用领域新的篇章。

LED 是一种能够将电能转化为光能的半导体器件，它改变了白炽灯以钨丝发光与节能灯以三基色粉发光的原理，而采用电场发光。LED 的特点非常明显——寿命长、光效高、无辐射与低功耗。它是一种固态的半导体器件，可以直接把电转化为光。LED 的“心脏”是一块半导体的晶片，晶片的一端附着在一个支架上，一端是负极，另一端连接电源的正极，整个晶片被环氧树脂封装起来，如图 3-39 所示。半导体晶片由两部分组成，一部分是 P 型半导体，其中空穴占主导地位，另一部分是 N 型半导体，电子为主要载流子。当这两种半导体连接起来的时候，它们之间就形成一个“结”。当电流通过导线作用于这块晶片的时候，电子就会被推向 P 区，在 P 区里电子与空穴发生复合反应，然后就会以光子的形式发出能量，这就是 LED 发光的原理。此外，光的波长决定光的颜色，具体是由形成 P-N 结的材料决定的。

LED 使用低压电源，供电电压在 6~24V 之间，根据产品的不同而异，所以它比使用高压电源的电器更安全，特别适用于公共场所，且消耗能量较同光效的白炽灯减少 80%，每一个单元 LED 小片是 3~5mm 的正方形，稳定性较好、省电、寿命较长，如图 3-40 所示。LED 使用范围较宽，广泛应用于显示屏、交通信号、广告业多媒体、城市亮化等方面，显示屏一般分为全色、三色和单色显示屏。交通信号灯主要用超高亮度红、绿、黄色 LED，因为采用 LED 信号灯既节能又可靠，所以在全国范围内，交通信号灯正在逐步更新换代，每组信号灯需要 300~500 只二极管组成。

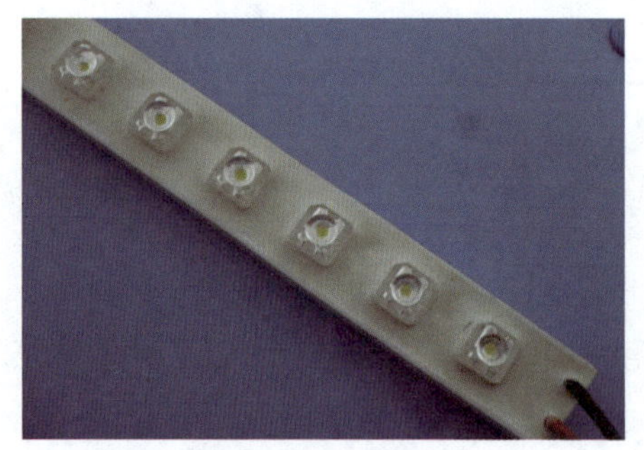

图 3-39 LED 硬条灯

图 3-40 LED 点阵模块

LED 照明光源的早期产品发光效率低，光强一般只能达到几个到几十个流明(lm)，主要适用于室内场合，在家电、仪器仪表、通信设备、微机及玩具等领域的应用较广泛。目前 LED 光源发展的目标是替代白炽灯和荧光灯，家用室内照明的 LED 产品越来越受人欢迎，LED 筒灯、LED 天花灯、LED 日光灯、LED 光纤灯也在悄悄地进入人们的生活，如图 3-41、图 3-42 所示。

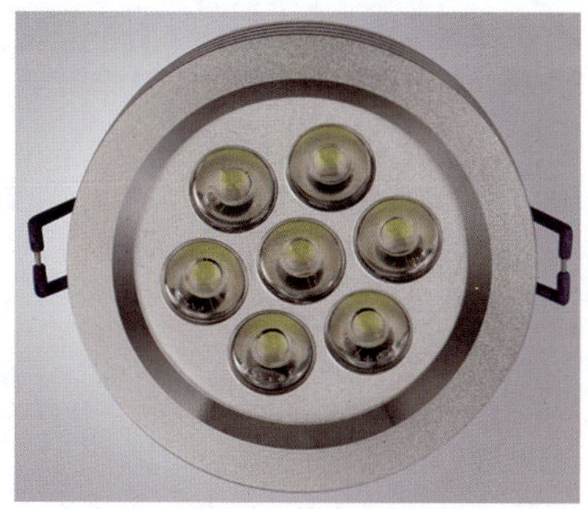

图 3-41 LED 筒灯

图 3-42 草帽型发光二极管

LED 的内在特征决定了它具有以下优点：第一，LED 由微小的半导体晶片被封装在环氧树脂里而构成，所以它非常小，非常轻。第二，LED 的耗电量相当低，直流驱动，超低功耗(单管 0.03~0.06W)，且电光转换效率接近 30%，一般来说，LED 的工作电压是 2~3.5V，工作电流是 0.02~0.03A，这意味着它消耗的电能不超过 0.1W，在相同照明效果下，比传统光源节能近 80%。第三，使用寿命长。有人称 LED 光源为长寿灯，作为固体冷光源，它由环氧树脂封装，灯体内也没有松动的部分，不存在传统灯丝发光易烧、热沉积、光衰等缺点，在恰当的电流和电压下，使用寿命可达 6 万到 10 万小时，比传统光源寿命长 10 倍以上，而且它使用冷发光技术，发热量比普通照明灯具低很多。第四，LED 是由无毒的材料制成，不像荧光灯因含水银而会造成污染，它可以回收再利用，其光谱中没有紫外线和红外线，既没有热量，也没有辐射，眩光小，属于安全的冷光源，可以直接触摸，是典型的绿色照明光源。第五，LED 光源可利用红、绿、蓝三基色原理，在计算机技术控制下使三种颜色实现 256 级灰度并任意混合，形成不同光色的组合，实现丰富多彩的动态变化效果。

LED 也有缺点。第一，人们普遍认为用 LED 灯取代传统的灯泡、荧光灯是一种非常环保的做法，但有科学调查显示，LED 灯中包含有锑、砷、铬、铅以及其他多种金属元素。因此，虽然 LED 的能效非常高，但它绝非完全环保的选择，只是蕴含的潜在危险和其他照明技术不同罢了。第二，LED 对人眼有一定的伤害。人眼最不能接受的是蓝光和 UV 光(即紫外线光)，蓝光杀伤人眼活性细胞的破坏力是绿光的 10 倍。有时，人们为了追求亮度，通常会加强 LED 的蓝光强度，从而可能会对人眼造成伤害，因此，LED 灯具用于道路交通的 LED 导航指示、LED 路灯等方面具有一定的不利因素，容易让人在使用过程中产生头晕眼花、不舒服的感觉，甚至长期使用会给眼睛带来伤害，增加患眼病的风险。第三，与传统的荧光灯和白炽灯相比，LED 灯具的价格还比较高。

(4) 光纤照明系统

光纤照明是通过光纤把光源发生器的光线传播到指定区域的一种照明方式，光纤照明系统由光源、发光器、滤色片及光纤等组件构成，如图 3-43 所示。

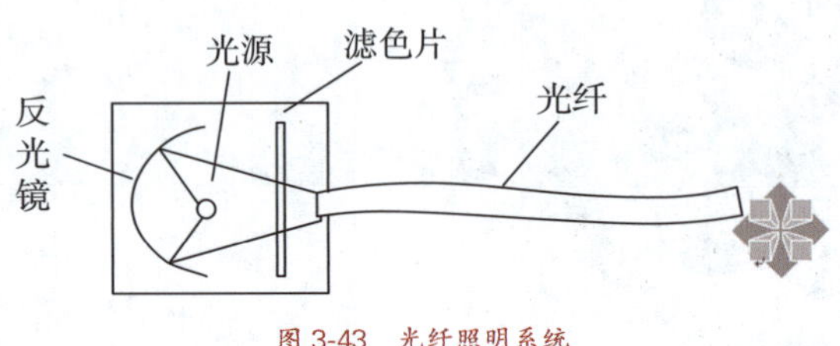

图 3-43 光纤照明系统

①光源。

单根光纤的尺寸和需要的照度等因素一般取决于所采用光源的功率和形制，理想的光纤照明灯应具备极小的发光面积和很高的光通量输出。由于光在传播过程中会出现很大的耗损，所以要使用高亮度光源，常用光源为 150~250W，而且为了获得近似平行的光束，发光点应尽量小，近似于点光源。MR16 型有钨丝的卤化物灯可通过细灯丝进行精确的光束控制，有些新型紧凑式 M-H 灯也能实现精密的光束控制。目前，太阳光也可以通过采光器进行采集，是可再生能源利用的有效途径。

②发光器。

在光纤照明系统中，光源被嵌入特制的装置内，该装置被称为发光器，其外罩由薄金属板、耐冲击塑料制成，发光器包含反光镜、滤色片等装置。当光源通过发光镜后，形成一束近似平行光的光束，滤光镜头能滤除灯所发射出来的大部分红外线 (IR) 和紫外线 (UV) 能量，因此，光纤照明系统在用于照射纺织品、绘画和食品方面表现出较理想的效果。反光镜是能否获得近似平行光束的重要因素，所以一般采用非球面反射镜。滤色片是改变光束颜色的零件，可根据需要来调换不同颜色的滤光片，以获得相应的彩色光源。

③光纤。

光纤是光纤照明系统中的主体，光纤的作用是将光从光源传输到灯具。

根据发光方式，光纤可分为“端发光”和“线发光”两种，前者是光束传到端点后，通过尾灯进行照明，而后者本身就是发光体，形成一根发光的线，如图 3-44、图 3-45 所示。就光纤材料而论，必须是在可见光范围内对光能量的损耗最小，以确保照明质量，但实际上光能在光纤传送中的损耗是不可避免的，所以光纤传送距离以 30m 左右为最佳。光纤有单股、多股和网状三种。对单股光纤来说，它的直径为 6~20mm，同时又可分为体发光和端发光两种；而对多股光纤来说，均为端发光，多股光纤的直径一般为 0.6~3mm，而股数常见为几根至上百根；网状光纤则由大量“线发光”的光纤组成，形成柔性光带。

图 3-44　“端发光”光纤

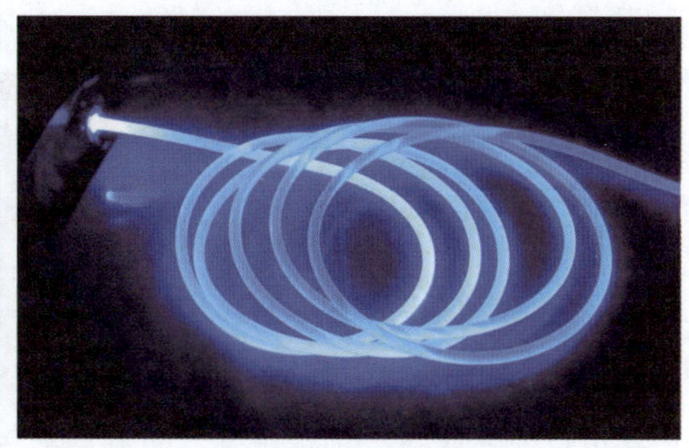
图 3-45　“线发光”光纤

在材料方面，光纤可分为塑料光纤和玻璃光纤，如图 3-46、图 3-47 所示。塑料光纤又可分为粗纤芯塑料纤维和细纤芯塑料纤维。粗纤芯塑料纤维是指直径达 20mm 的实心聚合物纤维，其表面涂有折射率低于纤芯的薄涂层；细纤芯塑料纤维是指直径达 2mm 的实心聚合物纤维，同样涂有折射率低于纤芯的薄涂层，它可按需制成任意长度且能在现场切割。本质上，这两种形式的塑料纤维在使用条件与使用环境方面的限制具有相似性。玻璃光纤束(GFB)是指用玻璃制成的圆形光导体，玻璃直径在 0002in 与 0006in 之间(约为头发的粗细)，玻璃光纤通常是末端发光型，其特有的优点在于，玻璃材料在整个使用期限内不会丧失它的透明度(变黄色)。

图 3-46　塑料光纤

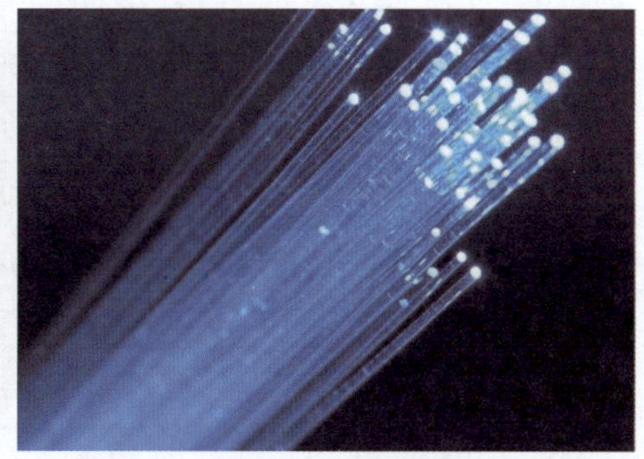
图 3-47　玻璃光纤

相较其他电光源，基于光纤的自身特性和光的直线传播原理，光纤在理论上可以将光线传播到任何地方，满足了多元化的实际应用需求。光纤尾件的设计和安装，使得照明从抽象化转变为形象化，光纤照明赋予光线以质感、空间感，甚至为光线注入了生命和个性，一般的光源所发生的光谱不仅包括可见光，而且还包括红外线和紫外线，但由于塑料光纤的低损耗窗口位于可见光谱的范围内，红外线和紫外线的透过率很低，再加上对光源机的特殊处理，所以，从光纤发出来的光都是无红外线和紫外线的冷光。

光纤照明的应用非常广泛，它在建筑室外公共区域的引导性照明、灯箱广告照明、室外喷泉水下照明，以及建筑物轮廓照明及立面照明等方面发挥着重要作用。此外，其施工方便，安装周期短，具有较强的时效性，且能够重复使用，从而有效节约了投资成本。

3.1.4 不同光源的性能及应用

凡是可以将其他形式的能量转换成光能，从而提供光通量的设备、器具统称为光源；而其中可以将电能转换成光能，从而提供光通量的设备、器具则称为照明电光源。照明用灯种类繁多，外观各异，由灯具和电光源两部分组成，根据其不同的特性及功能，广泛应用于照明、生产、国防、科研等领域。

电光源是照明灯的核心部分，由于电光源的发光条件不同，其光电特性也各异，对光源的了解将有助于设计者根据环境的特性选择合适的光源，并能合理利用它们的特性和长处，充分发挥其优势。表 3-2 和表 3-3 分别给出了不同光源的性能及用途比较。

表 3-2 不同光源的性能比较

分类	电光源	功率(W)	光效(lm/W)	显色指数(Ra)	色温(K)	寿命(h)
灯丝热辐射发光	普通白炽灯	25~100	10~15	99~100	2400~2900	1000 左右
	低压卤素灯	10~100	20~30			2000 左右
气体放电发光	金卤灯	100~2000	55~79	65~70	4300~6000	6000~9000
	高压汞灯	50	30~60	30~40	4000~6000	5000 左右
	高压钠灯	120	20~90	20~25	1900~2500	20000 左右
	荧光灯	—	90~110			8000~10000
电致发光	灯泡型 LED 灯	—	80~100	75~95	灯泡色-白色	20000~40000

表 3-3 不同用途光源的特征及用途比较

分类	电光源	特征	用途
灯丝热辐射发光	普通白炽灯	寿命短、易维修，用电阻调光器调光	艺术照明和装饰照明、橱窗展示照明和美术馆陈列照明等
	低压卤素灯	形状小、寿命短，需要镇流器，灯壁不发黑	宜用在照度要求较高、显色性较好或要求调光的场所，如体育馆、大会堂、宴会厅等

续表

分类	电光源	特征	用途
气体放电发光	金卤灯	比高压汞灯的光效、显色性都好	可以用于商场店铺室内照明，如道路、厂房、广告牌、隧道、公园小区等，以及体育场馆
	高压汞灯	成本较低，但光效和显色方面不如金卤灯	适用印刷制版、油墨干燥、光固化、软包装彩印、家具行业、木地板装饰材料等
	高压钠灯	高效率、寿命长、显色性低	广泛应用于道路、高速公路、机场、码头、船坞、车站、广场、街道交汇处、工矿企业、公园、庭院照明及植物栽培
	荧光灯	内置镇流器，适合较大范围光照	室内的全体照明和间接照明
电致发光	LED 灯	光色丰富、抗热抗湿性能差，容易变成高辉度	大多应用在指示灯、LED 广告招牌灯、汽车信号灯和 LED 电动车照明灯
光纤照明	光纤	变化形式丰富	建筑内外公共空间、广告灯箱等

3.2　灯　　具

3.2.1　构造要素

1. 功能性灯具构造元素分析

筒灯是典型的非定向照明且设计风格并不固定的照明灯具，具有广泛的适应性，它的主要功能在于营造室内照明气氛，如将一排小筒灯组合起来，其光线会构成变幻奇妙的光影图案。本书以筒灯为功能性灯具的典型代表，详细分析其构造。

功能性灯具的主要构造要素可分为四个部分：一是光源，有关光源类型及特征分析在前文已经提及。二是反射镜，一般位于光源的侧面，主要用来改变光的方向。三是透镜和滤镜，一般位于光源的下方。透镜用来改变光的传播路径，滤镜则用于在特殊的场合实现对光线的过滤。四是灯具防护罩，不仅可改变光的方向，还能用来防止眩光，此外，灯具的安装固定方式与灯具筒的形状也越来越受到关注，如图 3-48 所示。光源及滤镜决定发射光的色温和显色性等，反射镜及透镜决定了发射光的聚合程度，安装方式则决定了光的入射角度和距离。

射灯与筒灯在定义上虽有差别，但结构上无明显差异，只是光线的聚合程度与安装方式不同，许多照明设计专业书籍中将射灯定义为筒灯的一个子类。

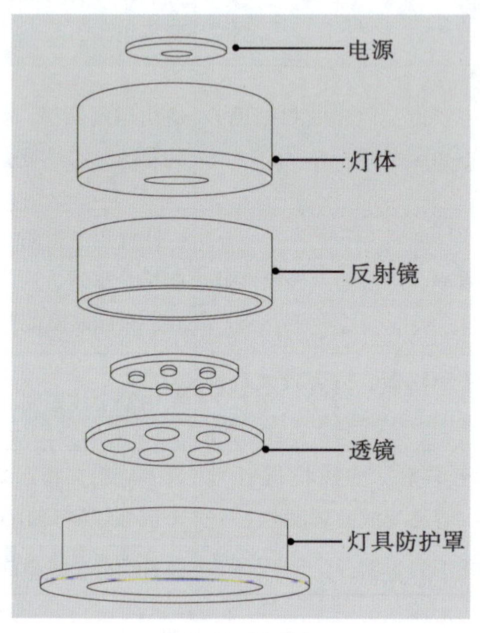

图 3-48 筒灯结构

(1) 光源

光源在灯具中的相对位置是影响灯具配光的重要因素之一，能对光的照射角度、方向产生显著的影响。光源在灯具上一般有两种安装方式：一种是顶置，另一种是侧置。顶置的光源依据灯具的深度不同，又可分为凹、平、凸三种方式，如表 3-4 所示。

表 3-4 **不同光源位置的灯具特征**

种类	顶置光源			侧置光源
	深置光源(凹)	平口光源(平)	外露光源(凸)	
外形图				

续表

种类	顶置光源			侧置光源
	深置光源(凹)	平口光源(平)	外露光源(凸)	
特征与用途	• 光源完全藏在灯具和吊顶内，因此照射范围通常相对较小，遮光角大，防眩光效果好 • 当光源配光范围较广时，灯筒会遮挡住部分光线，配光效果会下降	• 射灯灯泡部分露在天花板外面，防眩光效果差 • 视线能看到的照射范围通常为0°～45° • 当光源垂直下照时，配光范围不会被灯筒边缘遮挡光线	• 灯泡凸出灯筒外时，照射角度最容易调整，照射范围通常在0°～90° • 灯泡凸出灯筒外，配光范围广，不会被灯筒边缘遮挡光线	• 配光范围可使光线像瀑布一样均匀照射墙面，适合做洗墙的垂直面照明 • 遮光范围较大，洗墙外区域看不到光源，无炫光

(2)反射镜

它是将从光源发射出来的光和反射体的形状组合起来实现其功能的。光的控制方法有三种：一是让灯光照射在反射镜上产生平行光，二是让光以特定角度扩散，三是将光聚集在一个焦点后再以特定角度发射，如表3-5所示。

表3-5　**常用反射镜类型**

名称	双曲线形(半镜面)		抛物线形	椭圆反光镜
种类和形状	白色涂装灯泡用 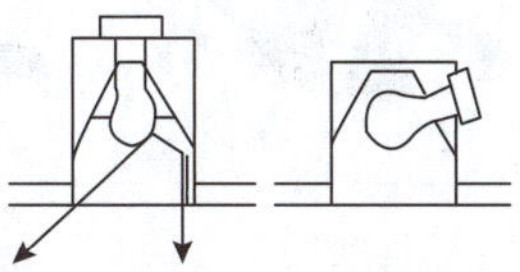	有遮光角度要求的小型荧光灯用	反光灯用 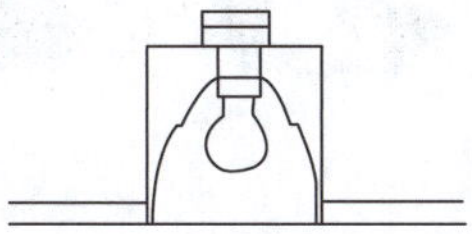	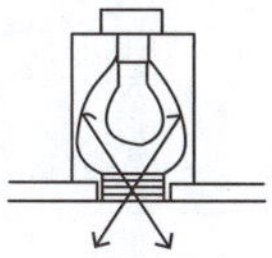
光线反射示意图	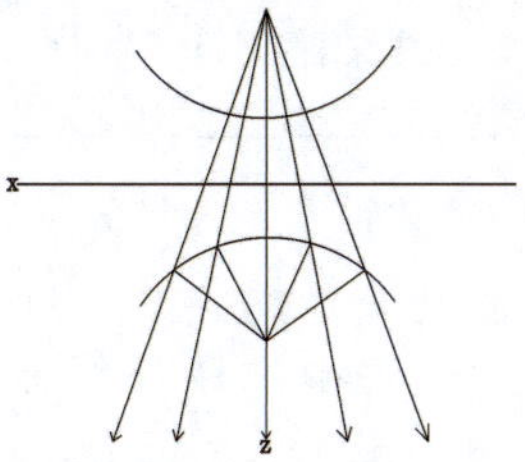		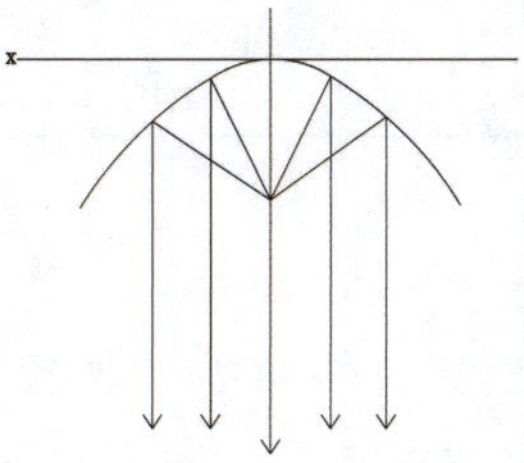	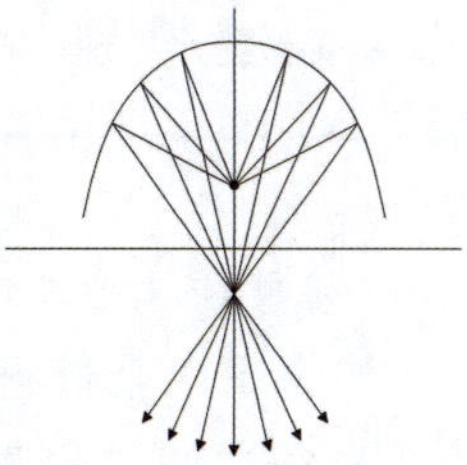
光线特征	让光以特定角度扩散		光线照射在反射镜上产生平行光	将光聚集在一个焦点之后，再以特定角度发射

续表

名称	双曲线形(半镜面)	抛物线形	椭圆反光镜
特征和用途	• 容易得到双光束的宽配光 • 适宜顶棚高 24～3m 房间的基础照明 • 靠近墙壁配灯，容易在墙面上出现贝壳状的阴影(镜面或半镜面的饰面比白色和闪光饰面更容易产生强烈的光影)	• 用于宽角配光 • 高功率灯泡适用于顶棚高 30～48m 的房间的基础照明 • 一般照明灯具的最大间距为 7～9m • 这样的反光镜易构成炫光，需要注意调节	• 灯不外露，开口直径又小，所以灯具不显眼 • 控制炫光照明 • 光效率不好

(3)灯筒的形状

筒灯作为一种嵌入天花板内的灯具，能与建筑结构高度结合，实现一体化设计，如表 3-6 所示。通常，在天花板上安装筒灯时需要切割出适合灯筒的孔洞，但是如果安装无筒设计的灯具，则可以让人完全感觉不到灯具的存在，只有光线从上方照射而下。如果采用玻璃筒的筒灯，玻璃外罩本身看上去也会发亮，则可以营造天花板上浮现出光环的视觉效果，让人看到光线的同时，也能改变对空间的印象。

表 3-6　**反射镜的材质与灯具筒的形状**

种类	玻璃筒	镜面反射镜	黑色隔板	哑光反射镜	圆孔
灯具图					
特征	用于卫生间等处，要做防水处理	当没有发亮时，看上去较暗沉	必要的遮光角，有必要考虑与天花板颜色是否匹配	在反射镜上看不到反射光	可以考虑与椭圆形反光镜一起使用

(4)滤镜和透镜

滤镜是对光进行选择性传输的有效组件，能对光线中的紫外线及红外线等不可见光进行过滤，如图 3-49 所示。同反光镜一样，不同类型的透镜也可以改变光的传播路径，并改变光束的形状。透镜分为凹透镜和凸透镜，分别用于灯光的发散和聚合，如图 3-50、图 3-51 所示。滤镜和透镜也可以组合使用，以满足照明设计的特殊需求。

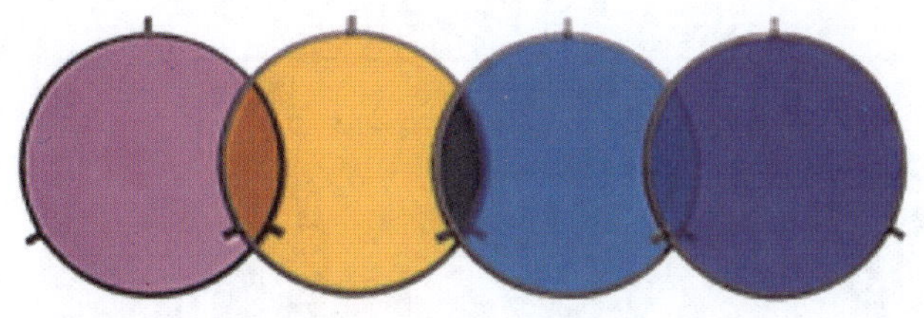

图 3-49　滤镜效果

图 3-50　透镜效果

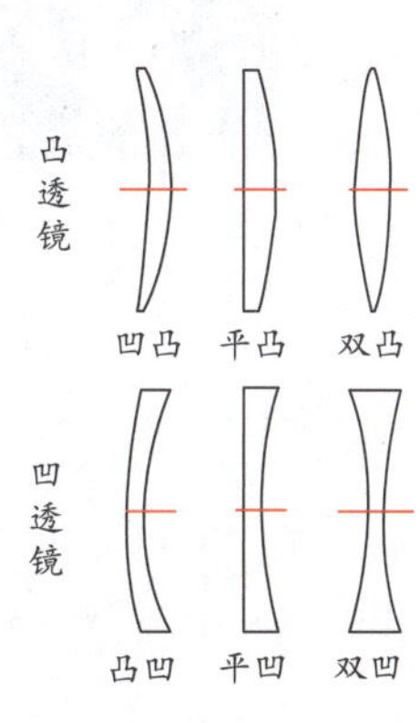

图 3-51　透镜类型

以照画射灯为例，表 3-7 比较了射灯附属透镜及滤镜的不同照明效果。

表 3-7　筒灯附属滤镜和透镜的不同照明效果

种类	点式滤镜	特殊滤镜	漫射透镜	散光透镜
形状				
特征	可以看到光线边缘	让光的形状更符合画作	模糊光线边缘	椭圆形光线

(5) 灯具外罩

从不同的角度观察射灯时，容易因炫光而导致视觉不适，所以一般需要配备百叶遮光装置，同时也可以对光线的入射方向做定向调控。在一些对照明要求较高的场所，如博物馆的展陈空间，经常可以见到不同类型的灯具外罩，如表 3-8 所示。

表 3-8 **常用灯具附件**

种类	蜂窝形百叶盖	交叉式百叶盖	掩门板	平行百叶盖
外形图				
灯具示意图				
特征	可以减少眩光，但是降低了灯具传递到空间的光量	与平行百叶盖类型相比，可减少多个角度的眩光影响	四周不产生眩光，直视发光部分有些晃眼，光的围合性强	一定角度上可以防止眩光，效果不如交叉式百叶盖

蜂窝形灯罩的安装位置分为灯具内侧与灯具外侧，主要作用是减少眩光，避免光线的散射，有时也可以将组合窄配光的射灯置于大片蜂窝金属板之后，以达到相应的照明效果，如图 3-52 所示。

(a)

(b)

图 3-52　山东博物馆中的佛像展陈柜

安装蜂窝金属板能有效地减少眩光，但同时也减少了灯具发射到空间的光量，因此，在对整体环境亮度要求较高的空间内，灯具外罩不宜多用。以山东博物馆为例，在其汉代画像石艺术展厅中，由于展陈物件多为体积较大的艺术品，且雕刻的细节较多，所以在灯具的选取上采用了加外罩和不加外罩两种方式——用加外罩的灯具对展陈物体进行照明，保证光线集中，以刻画石碑上的画像细节，同时避免眩光；用不加罩的灯具对环境进行照明，提高整体环境亮度，并烘托展陈物体的形体。由于大量使用了不带外罩的顶面灯具，与佛教造像艺术展厅相比，汉代画像石艺术展厅的整体亮度明显偏高，且亮度分布相对均匀，如图 3-53、图 3-54 所示。

图 3-53　山东博物馆中的汉代画像艺术展厅

图 3-54　山东博物馆中的佛教造像艺术展厅

交叉式百叶盖和平行式百叶盖通常安装在灯具的外侧，以固定视角来观察时，可以在一定程度上防止眩光。与平行式百叶盖相比，交叉式百叶盖可以减轻多角度光线条件下的眩光现象，且交叉的百叶片越多，则出现眩光的概率越小。掩门板通常安装在灯具的外侧，使得光线相对集中，对宽配光的灯具照明效果有一定影响。从周围观察灯具时不会产生眩光，但直视光源部分会引起视觉不适，它通常用于展陈物体细节的定向刻画照明，随着入射角度的调节，可扩展照射范围，如图 3-55 所示。

(6) 安装方式

筒灯的安装方式一般有两种：明装和暗装。

室内暗装筒灯通常藏于天花、墙壁和地面的装饰面内，明装则是直接固定在天花上或者通过导轨固定。直接固定是最常见的安装方式，接线是通过剔槽埋于混凝土内的，如图 3-56 所示。明装筒灯最大的优点是安装空间的立面无须任何装饰处理，能够节约空间，但可选类型较少，通常有两种形式：一种是灯具整体直接固定在墙体上，且光源可作方向性调节，另一种则是灯具通过底座固定于墙体上，光源也可做方向性调节。导轨安装式比直接固定式更具有灵活性，一般在预先暗埋好的轨道内固定灯具，且可根据被照物体的位置做灵活调整，特别适用于平面布局经常变动的场所，如博物馆或者商业空间，如图 3-57 所示。

图 3-55 山东博物馆中的汉代画像石

图 3-56 明装筒灯

图 3-57 导轨筒灯

室外灯具出于对防盗，防水等因素的考虑，安装方式以暗装居多，通常埋于地下，主要用途是对外环境或者灰空间中的景观植物等进行定向照明，有时也作为导向照明及标识图案照明使用，如图 3-58、图 3-59 与图 3-60 所示。

图 3-58　定向洗墙照明

图 3-59　导向照明

图 3-60　图案照明

在表现较高位置的物体或者高型物体时，一定要注意灯具的安装位置，以确保光线的准确照射。对于光源亮度较强的灯具，可选择散光透镜、百叶灯盖等附件以避免眩光效应。如图 3-61 和图 3-62 所示分别是对柱体和树进行定向照明。

图 3-61　定向照明 1

图 3-62　定向照明 2

2. 装饰性灯具的构造元素分析

装饰性灯具不仅能满足空间照明功能，而且通过对灯具外观进行视觉艺术处理，能满足个性化的审美需求，多适用于室内空间。根据灯具安装高度，可将装饰性灯具分为吸顶灯、吊灯、落地灯和台灯，如图 3-63 所示。

装饰性灯具的构造元素一般包括灯罩、光源、灯柱(线)及底座等。为防止眩光，灯罩多为半透明或不透明材质，如纱、布、玻璃等。光源一般为白炽灯、LED 或者节能荧光灯。装饰性灯具的造型须与建筑空间装饰风格相契合。

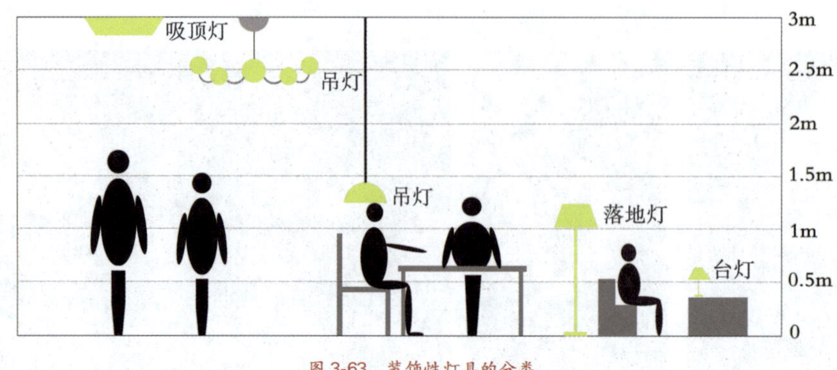

图 3-63 装饰性灯具的分类

(1) 台灯

台灯主要放置在写字台或餐桌上，以供局部照明之用，其光线照射范围相对比较集中，局限于台灯周围区域，不会影响到整个房间。对于不同的使用场所，选用台灯的尺寸、风格、材质也略有区别。比如，酒店使用的台灯就比家居装饰台灯的尺寸要大很多，特别是用于酒店大堂的台灯，外观尺寸更大，且厚重豪华，如图 3-64 所示。欧式仿古台灯经久耐看，与欧式建筑风格相得益彰，具有锦上添花的效果。现代商务酒店套房多配置一些现代简约台灯，清爽简洁，令人耳目一新。台灯应与周围的环境相搭配，无论是在打开还是关闭状态，都能起到点缀空间的作用。

图 3-64 装饰性台灯

此款台灯适用于欧式或现代酒店客房的卧室作为床头装饰灯。

尺寸：Φ400×H700mm

材料：米黄色布艺灯罩、树脂云纹灯座，金属部分镀亮铬色

光源：普通白炽灯

(2) 落地灯

落地灯一般布置在客厅和休息区域里，与沙发、茶几搭配使用，以满足房间局部照明和点缀装饰家庭环境的需求，但一般不会放置在高大家具旁或活动区域内。

在照明功能上，落地灯常用作局部照明，不讲究照明的全局性，更强调移动的便利性，对于角落气氛的营造十分实用，适合阅读等活动。若是用于间接照明，则可通过调整光线变化，达到改变整体照明的效果。此外，落地灯的灯罩下缘应离地面 180cm 以上。

以直接下投式落地灯为例，其光线较为集中，局部照明效果显著，对周围的影响范围小。其光线从布罩内漫射下来，均匀散布在室内，这种“间接”照明方式产生的光线较为柔和，对人眼刺激小，在一定程度上能使人心情放松。在现在流行的一些现代简约主义家居设计中，这种灯具的应用相当普遍，如图 3-65 所示。

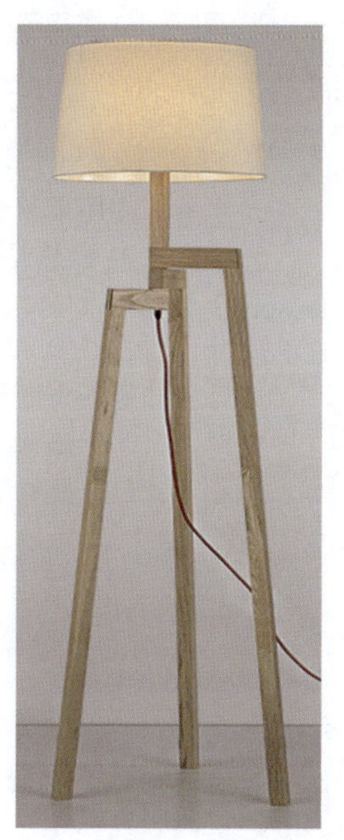

此款落地灯适用于简约或现代的空间。
尺寸：Φ450×H1700mm
材料：水曲柳支架、米黄色麻、布灯罩
光源：E27LED 灯

图 3-65　装饰性落地灯

(3) 吊灯

吊灯是吊装在室内天花板上的装饰用照明灯。一般来说，所有垂吊下来的灯具都可归入吊灯类别。吊灯无论是以电线或以金属支架垂吊，在层高有限的情况下，都不能吊得太矮，否则会阻碍人的正常视线或令人觉得刺眼。对于重型吊灯，要在顶面的基层安装角钢方管，以更好地固定灯具。

吊灯的风格样式较多，常见的有欧式吊灯、中式吊灯、现代吊灯等；以材质来分，有水晶吊灯、羊皮纸吊灯、布艺吊灯等；以造型来分，有锥形罩花灯、尖扁罩花灯、束腰罩花灯、五叉圆球吊灯、玉兰罩花灯、橄榄吊灯等，如图 3-66、图 3-67 与图 3-68 所示。

(4) 吸顶灯

吸顶灯通常分为悬挂式吸顶灯或底盘固定式吸顶灯，其安装方式通常是将灯具一端的电线连接到天花板上预留的电线上。随着技术的进步，LED 光源的吸顶灯在调色、调光的种类方面不断增多，具有各式各样的风格，适用于不同氛围和功能的空间，如图 3-69、图 3-70 所示。

此款吊灯使用了透明玻璃灯罩，灯架金属部分涂黑色亚光漆，适合公共空间的宴会厅等场所使用。
尺寸：W2360×D1800×H450（mm）（不包括吊杆高度）
材料：玻璃、金属扫黑
光源：LED或卤素光

图3-66 长方形铁艺吊灯

此款吊灯使用了米黄色布艺灯罩，下部挂滴水晶棒悬挂，金属部分扫黑，适合于现代及中式空间。
尺寸：L2380×W480×H550（mm），灯具悬挂最低点距地面2600（mm）
材料：布艺、滴水晶棒、金属扫黑
光源：LED、紧凑型荧光灯或卤素光

图3-67 布艺吊灯

此款吊灯是欧洲古典风格的水晶吊灯，灵感来自古时人们的烛台照明方式。
尺寸：Φ560×H420mm（高度不包含300mm的链条长度）
材质：铁制、亚黑扫古铜色
光源：E14螺口灯泡

图3-68 烛台吊灯

此款吸顶灯适用于简约现代风的空间。
尺寸：Φ650×H450（mm）
材料：白色布艺褶皱灯罩，底端有透明水晶珠链悬挂
光源：E27LED光源

图3-69 水晶吸顶灯

此款吊灯中层悬挂亚克力棒，内侧悬挂玻璃棒，外层金属部分镀亮铬色，灯具整体简约大方，灯光与金属和玻璃棒相互映衬，适合于现代空间。

尺寸：Φ4000×H700(mm)

材料：亚克力、玻璃棒、金属镀亮铬

光源：LED 或卤素光

图 3-70 镀铬吸顶灯

3. 建筑化照明构成元素分析

建筑化照明是在照明功能的基础上，将照明器具(灯具)或发光器件(光源)安装或埋入建筑物结构(如墙面、楼道地面、顶棚、梁柱、门窗)及装饰构造内，并通过艺术设计手法，使建筑物结构及装饰构件与照明器具有机地融为一体，这样不仅能利用其表面反射或透射光线，而且能借助装饰实体元素产生的光影效果和光色属性来美化建筑环境，并获得照明亮度和艺术美感。

除发光灯槽和外檐发光灯槽、窗帘盒式间接照明之外，下向筒灯照明和墙内嵌入式、地面嵌入式照明也都属于建筑化照明类型，这些灯具巧妙地隐藏在建筑结构内，能够在顶棚和墙面上减少不规则光，达到间接照明效果，但其具体设置方式，除了考虑光源与遮光角度，还要根据空间规模和视点进行充分研究。

建筑化灯具可以从反射面获得柔和的光线，并通过反射面的渐变使平面更显明亮，由此提升空间的宽敞感和亮度。建筑化照明的三种形式及特征如表 3-9 所示。

表 3-9 建筑化照明形式和特征

种类	天花迎面照明	天花墙面照明	墙面檐口照明
结构图			
灯具	一般使用 T4 或者 T5 光源，T4 光源尺寸更小		

续表

种类	天花迎面照明	天花墙面照明	墙面檐口照明
特征	• 用于照亮天花板，其均匀度与光源和顶面的距离或尺寸有关，用在天花板较高的空间里 • A 的尺寸可能会因灯具不同而有所差异，通常是按照灯具的尺寸加上固定龙骨尺寸，一般不小于 150mm，B 的尺寸一般为 70mm 左右，以遮住人眼视线为准	• 通过照射墙面，赋予空间一定的深度感，增加空间开阔性 • 设置 C 的尺寸时，应考虑维修条件，一般不小于 150mm • D 的尺寸应刚好以人眼看不到光源为准	• 安装在墙上，使灯具上下都发光，可以照射天花板与檐口两处
效果示意图			

《间接照明》一书中提出，理想的间接照明就像门缝中射进的一缕阳光，并强调实现建筑化照明应关注三个要素：一是注意光源与受光面（墙面、顶棚）之间的距离，二是注意光源的遮蔽效果，三是注意受光面的条件，如图 3-71、表 3-10 所示。

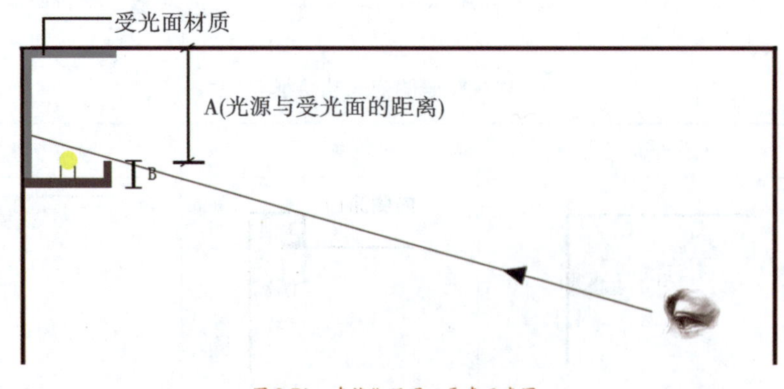

图 3-71　建筑化照明三要素示意图

表 3-10　**建筑化照明三要素视觉效果比较**

建筑三要素	要素变化	效果示意图	小结
A： 光源与受光面之间的距离	距离小		此要素关注点是发射光的均匀度，光源与受光面的距离依据空间尺寸会有所不同，在一般吊顶情况下以120~300mm为宜，距离越小，光线越集中，会产生曝光效果；距离越大，光线越均匀，越柔和
	距离大		
B： 光源的遮蔽效果	挡板高		此要素的关注点是光源是否裸露，挡板的高度与视线距离的远近具有很密切的关系。当空间尺寸较大时，考虑到人的最大视距可能较长，极限情况下，挡板尺寸应相应增加，这是迎面照明时需要计算的。在天花墙面照明设计时，由于人的视线距离较短，挡板高度可以适当降低
	挡板低		
C： 受光面条件	镜面		此要素的关注点是光源是否裸露及顶棚材质的表现， 受光面应采用非镜面材质，以防止光线直接反射而导致光源裸露，同时也要注意与受光面相连的区域是否在照明范围内。当光源与受光面之间的距离足够大时，光对非镜面材质的表现应给予足够的重视。同时，也要注意采用T4/5光源时，若受光面距离过近，不能够将顶面完全照亮，可采用其他光源进行补充
	毛面		

3.2.2 主要特征

1. 配光曲线

空间光强分布是灯具的重要特性之一，通常用配光曲线来表示。以普通的白炽灯为例，将裸灯点亮，光就会向四面八方发散，从光源和照明灯具放射出来的光，具有各种各样的形状和范围，虽然光的形状不能用肉眼直接观察，但可以用配光曲线图使光的分布图形化。配光曲线可用来表示一个灯具或者光源发射出的光在空间内的分布情况，它可以记录灯具的光通量、功率等信息，其中最为关键的是记录灯具在各个方向上的光强。

配光曲线一般有三种表示方法：一是极坐标配光曲线，二是直角坐标配光曲线，三是等光强配光曲线，其中比较常用的极坐标配光曲线。

配光曲线按照其对称性又可以分为轴向对称、对称和非对称配光。轴向对称又称旋转对称，指各个方向上的配光曲线都是基本对称的，筒灯一般采用此类配光。对称是指当灯具在 C0°和 C180°剖面的配光对称，同时在 C90°和 C270°剖面的配光对称时，这样的配光曲线称为对称配光。非对称配光就是指 C0°~180°和 C90°~270°任意一个剖面的配光不对称情况。配光曲线按照其光束角度通常可分为窄配光(小于等于 40°)与宽配光(大于 40°)各个厂家对宽、中、窄的定义也略有不同。

一般厂家给出的光源及灯具配光曲线都是用极坐标形式表现，以华格(WAC)的 Wall-Washers 系列专业洗墙灯为例，其使用效果如图 3-72、图 7-73 和图 3-74 所示，使用卤素灯光源后形成的配光曲线如图 3-75 所示，紫红色曲线是 C0°~180°剖面，蓝色曲线是 C90°~270°剖面，横向的角度值表示剖面上的垂直角度，0 度为灯具发光面中心，纵向数值表示光强，从蓝色曲线也就是 C90°~270°剖面上可以看出，此灯具左右两边明显不对称，配光偏右，是非对称配光的，但在 C0°~180°是对称配光的，总体来说，此灯具是非对称配光，因为只有在 C0°~180°和 C90°~270°剖面同时对称配光时，才可以称为对称配光。另外，从配光曲线上可以读出右边 45°角位置的照度，假设求 8m 高度灯具的照度，功率是 400W，光通量是 36000lm，从图 3-75 中可知 45°角方向位置的光强约是 450cd/klm，所以其光强值就是(450×36000/1000)×cos45°=11453cd，照度值是 $11453/8^2=178$lx。

2. 灯具配光分类

选择灯具时要考虑其与光源的配光组合方式。照明灯具以光源为中心，其上半部分和下半部分的光束分布比例是关键。根据 CIE 与 IES 的分类，从直接照明到间接照明，可分为六种配光类型，如图 3-76 所示。直接式照明，光线不会漏到上方，天花板区域变得暗沉，空间氛围比较封闭。与直接式照明相反，间接式照明光线不会漏到下方，地面区域变暗，用于室内可以提升空间的开放感。半间接式和半直接式照明都是在上下方向放射出光线，只不过侧重点不同，多用于壁灯或者吊灯的光源配光。直接式、间接式照明模式下，光线在上下方向分布均匀，横向照射的光线较少，在视觉高度上不会产生刺眼的光芒，对人眼具有保护作用。全面扩散式照明则旨在照亮整体空间，光在空间中的各个方向上分布得比较均匀。

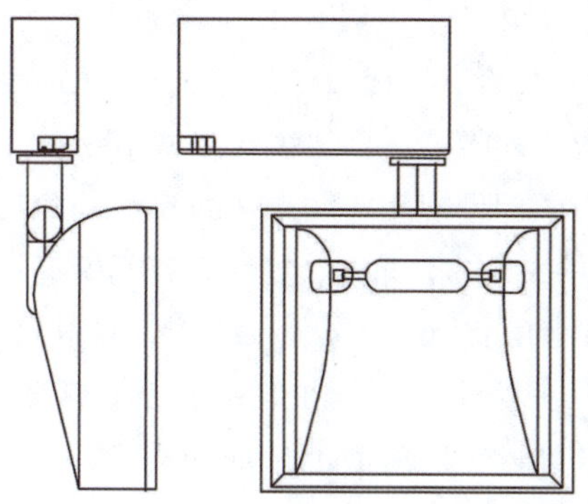

图 3-72　WAC 洗墙灯三视图

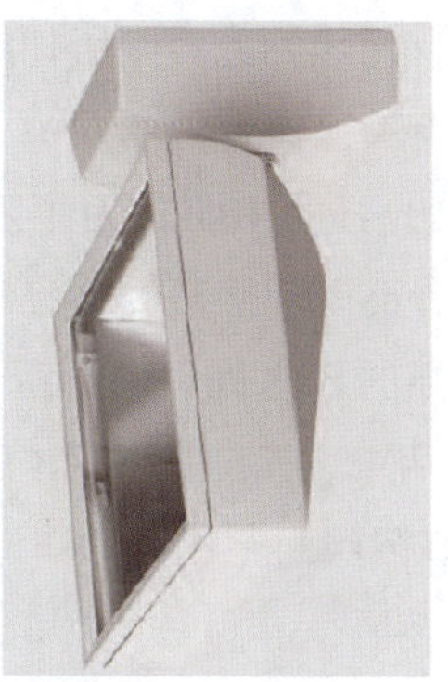

图 3-73　WAC 洗墙灯

图 3-74　WAC 洗墙灯使用场景

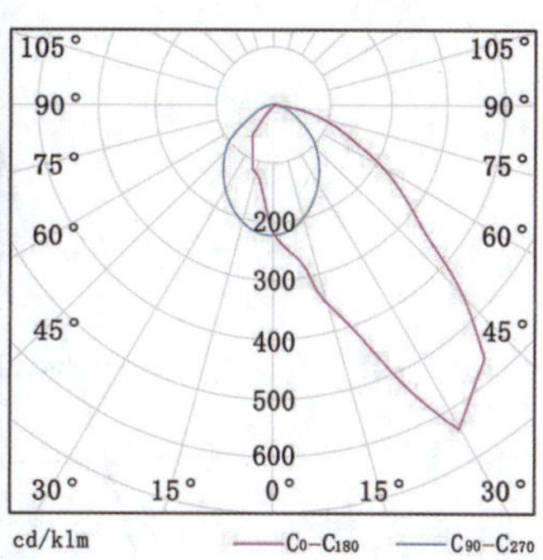

图 3-75　WAC 洗墙灯配光曲线图

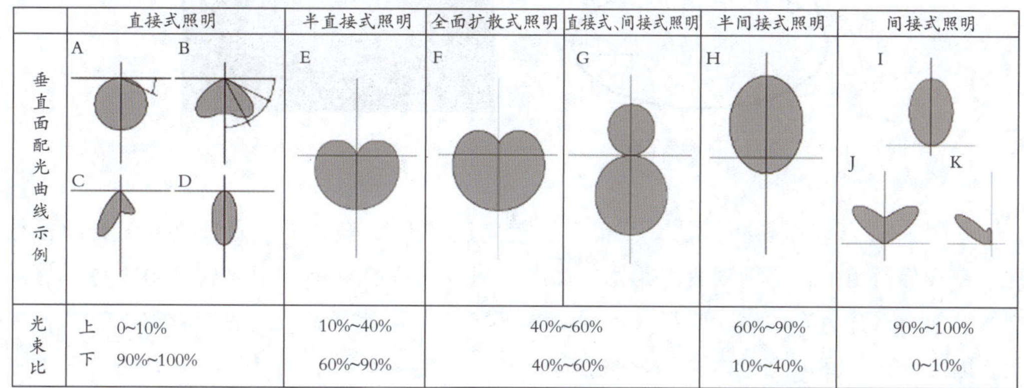

	直接式照明	半直接式照明	全面扩散式照明	直接式、间接式照明	半间接式照明	间接式照明
垂直面配光曲线示例	A B C D	E	F	G	H	I J K
光束比	上 0~10% 下 90%~100%	10%~40% 60%~90%	40%~60% 40%~60%		60%~90% 10%~40%	90%~100% 0~10%

图 3-76　灯具配光分类图

3. 光束角

光在空间中的传播具有一定分布范围，从过光轴的垂直平面来看，这个由光范围的边界线所形成的夹角，就是实际的光束角，如图3-77所示。从物理观点看，该角度就是从有光线到完全没有光线的边界间所构成的过渡区域，但实际上"完全没有光线"的边界是无法精确测定的。有关光照边界的定义，国际上给出的标准也并不统一。国际照明学会(IES，美国)规定法线光强的10%处为光照边界，即光强达到法线光强的10%处，两侧所形成的夹角为光束角，而国际照明委员会(CIE，欧洲)规定法线光强的50%处为光照边界，即光强达到法线光强的50%处，两侧所形成的夹角为光束角，如图3-78所示。

在实际应用中，常见的卤素灯杯光束角有10°、24°以及38°三种规格，如图3-79所示。10°角的灯杯照射范围很小，而中心光强最大，能在照射面上形成强烈的对比；38°角的灯杯照射范围大，但其中心光强最小，在照射面上形成的光斑是较柔和的；24°角的光照效果就介于10°和38°之间。综上所述，在相同功率的前提下，根据能量守恒定律可以得出如下结论：灯杯光束角越大，其中心光强越小，产生的光斑越柔和；相反，光束角越小，其中心光强越大，产生的光斑越硬。

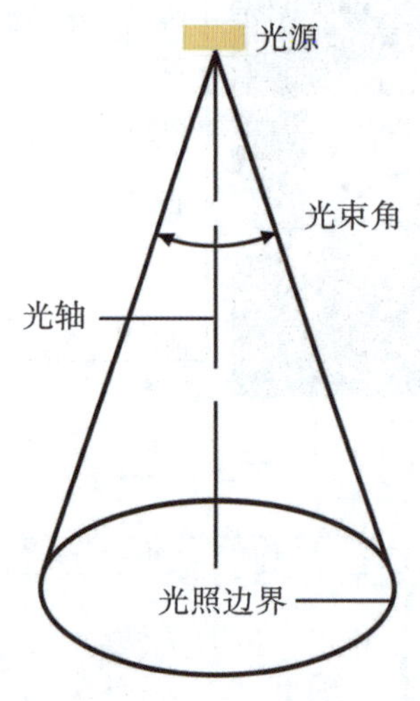

图3-77 光照范围

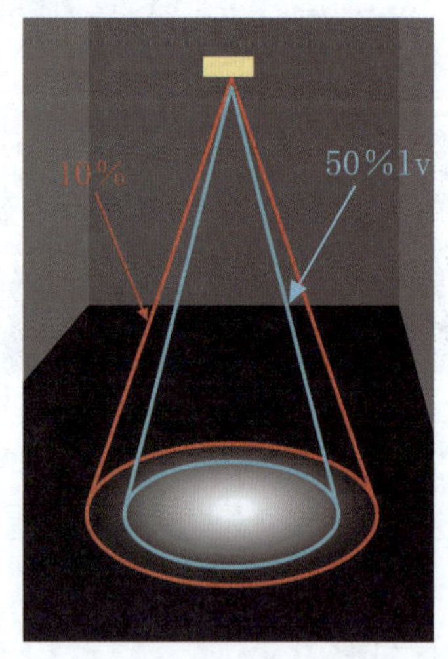

图3-78 光照边界的界定

如图3-80所示是在相同功率、相同投射角度和距离下的不同光束角的三维视觉效果。在实际运用中，必须对投射距离、角度，以及环境亮度等因素进行综合考虑，然后根据需要来选择适宜的卤素灯杯。如果周围环境的照度比较高，可能就需要10°的光束角，因为周边的环境光可以弥补它在雕像上未照射到的区域，而10°的光束角在雕像上形成的强烈明暗对比又能带来很好的视觉冲击力。但灯具配光时要注意光束角的投射范围与物体大小应保持一致，如果灯具安装距离再近一些，就应该选 38°的光束角，38°的光束角效果就类似图中的 24°角效果，由于距离变短，光照范围也相应地变小，光强则应提高，同理，如果投射距离增加，就应该选择 10°光束角。

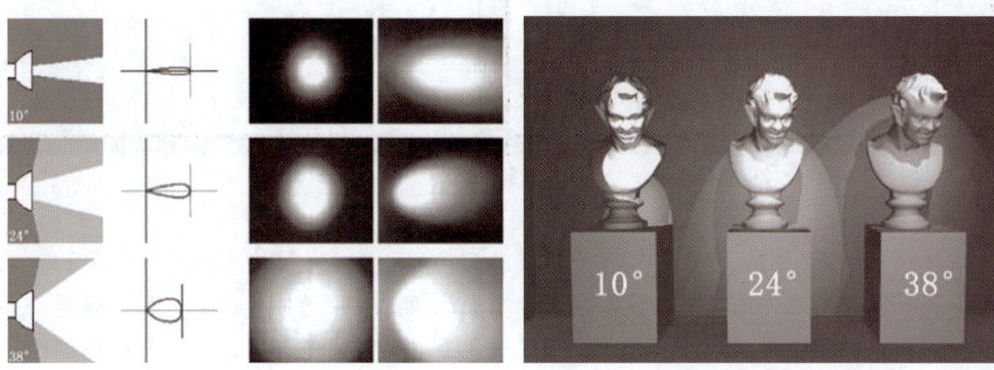

图 3-79　光束角的入射范围及强度

图 3-80　光束角的视觉效果示意图

4. 半光强角

按照国际照明委员会（CIE，欧洲）的标准，将“法线光强的 50%处两侧所形成的夹角”定义为光照边界，那么 1/2 光束角即 1/2 的光强角，将等照度曲线中 1/2 照度位置与灯具连接起来的线之间的角度，即 1/2 的光强角，也称 1/2 的照度角。在图 3-81 中，1/2 的照度角为 30°，1m 直下照度是 420lx，当吊顶高度（h）为 2. 7m 时，直下照度值约为 57. 6lx，1/2 的照度角的光线范围约为 1. 6m，因此灯具间距（d）约 3. 2m 时，可以让空间获得几乎同等的照度，如图 3-82 所示。

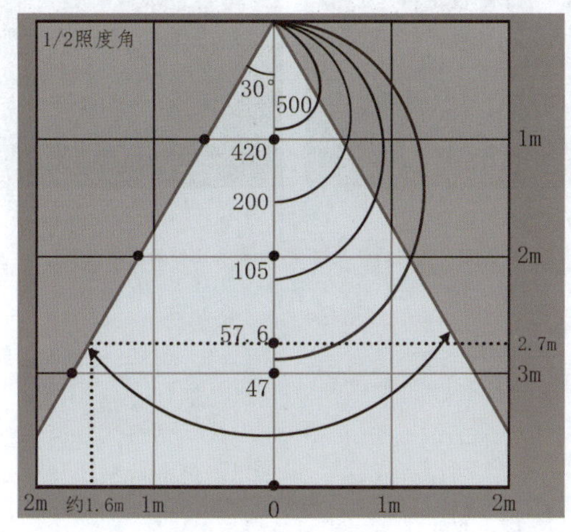

图 3-81　等照度曲线图

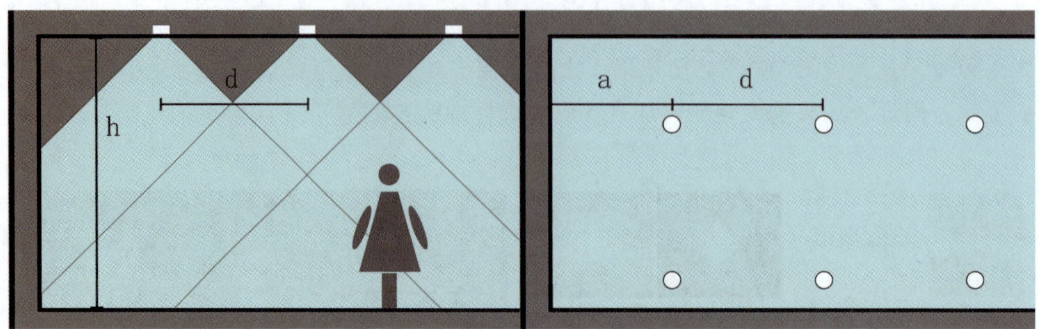

图 3-82 等照度空间的灯具安装尺寸示意图

如果将"法线光强的 10%处两侧所形成的夹角"定义为光照边界，则光束角和半光强角并不相同，半光强角对某些照明灯具的设置也有其应用价值。比如，对于做重点照明的射灯，既需要中央部分光度集中，又要求周围具有适当的亮度，常用于挂墙的壁画照明。将不同的半光强角和光束角组合，可以用于不同尺寸的壁画照明——对于小尺寸壁画，可以用半强角与光束角比值较大的聚光灯；对于大尺寸壁画，则可采用半光强角与光束角比值较小的聚光灯(即半光强角较接近光束角)；而在纯粹的灯光装饰聚光照明方面，往往会需要半光强角与光束角比值较大的聚光灯，如图 3-83 所示。

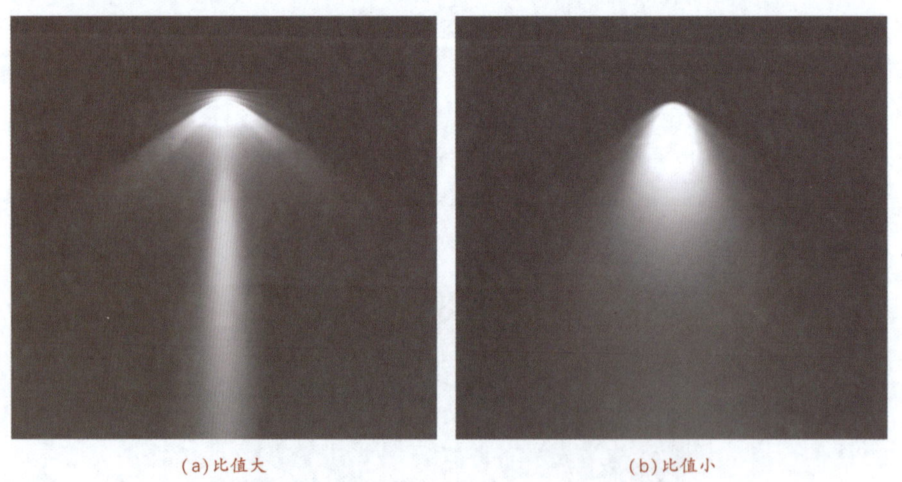

(a)比值大　　(b)比值小

图 3-83 不同的半光强角/光束角比值的照明效果

3.2.3 布置

1. 布置依据

光源和灯具的布置需要依据人在功能空间内的行为模式而定。人在空间的行为可分为生理需求行为和心理需求行为。依据人的生理需求，可调整灯具在空间中位置和方向，满足人的行为特征需要；依据人的心理需求，应把握空间及场景的氛围需求，选择适宜的光照图式，合理规划灯具之间的关系。在此以室内空间中人的行为及特征为例进行说明，如图 3-84 所示。

人们在客厅、餐厅、厨房、书房、卧室以及卫生间等空间内会进行多种居家活动，为保证这些活动能够顺利完成，灯具会布置在相应的功能区。在此案例中，人在“起居室+餐厅”(L+D)的复合空间中会发生入室更衣、弹钢琴、就餐、阅读、看电视、晾衣等基本家居活动，依据活动特征，可决定光源是布置在顶面，还是在墙面和地面等位置，如弹钢琴涉及琴键操作面，可以考虑在顶面布置灯具，让光线直射到琴面上，让弹琴者能够看到键盘，同时避免产生眩光。除了依据行为特征，满足人对光源点位的需求，还要有效权衡居室中照明的整体效果，通过控制灯具的分布及其间距，选取不同的照明方式，形成丰富的光照图式，满足人的心理需求，如起居室中的阅读行为，可以在墙角布置一盏落地灯，营造温馨的阅读氛围，也可以顶面安装吸顶灯，形成开放的阅读环境，但这两种照明方式会带来不同的阅读体验感。

2. 布置原则

灯具的布置即确定灯具在室内空间的位置，对照明质量具有重要的影响，光的投影方向、工作面的照度、照明均匀性、直射眩光、视野内其他表面的亮度分布等，都与照明灯具的布置有着直接的关系。灯具布置涉及高度布置和平面布置两个方面的内容，即应确定灯具在空间中的三维坐标。

灯具布置的原则包括但不限于：合理的照度水平、适当的亮度分布、必要的显色性和入射方向、限制眩光作用和阴影的产生、合理的距高比。灯具间距(L)与灯具的计算高度(H)的比值称为距高比，它是评估灯具布置是否合理的重要指标。距高比数值小，照明的均匀度大；距高比数值大，则不能保证获得规定的照明均匀度，灯具整体的美观性、与室内风格的协调性以及在高度上的安全性也无法保障。

3. 布置方法

(1)室内灯具布置与照明方式

光照图式是指光在空间中的分布形态，即通过光源和不同的灯具形式以及建筑构件的结合，在空间中营造不同的光环境。照亮一个空间通常来说有三种方式：重点照明、局部照明和整体照明。

重点照明是一种常用的方向性照明，通过局部提高或者降低照明强度，形成具有亮度变化和阴影的构图，产生强烈的对比。在商业展示环境中，其目的是为了加强顾客和产品之间的视觉联系，如图 3-85 所示。

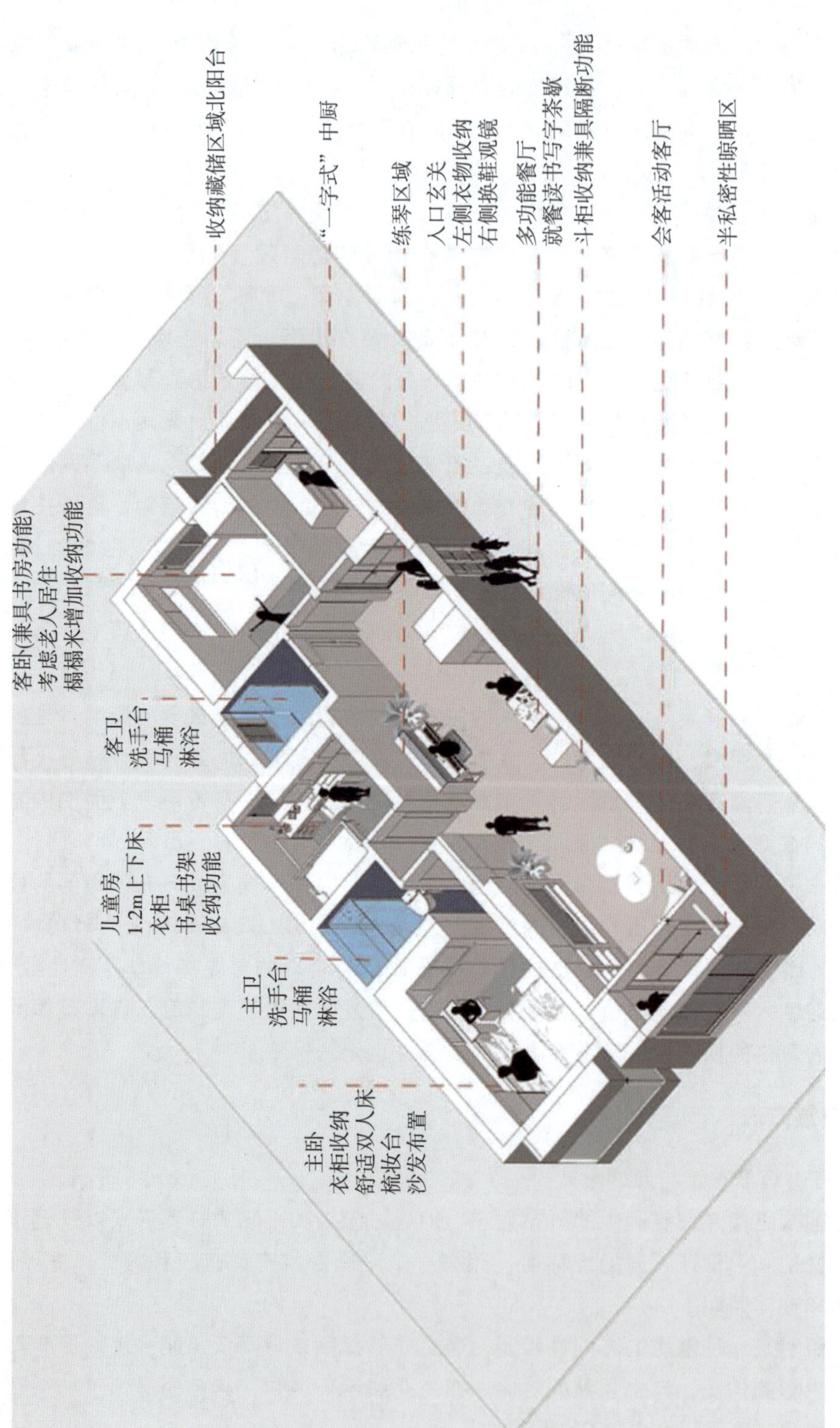

图3-84 室内空间中的行为及特征

图 3-85　重点照明

重点照明的作用是强调，目的是建立对某物的关注度，它对造型和表面纹理有很好的表现效果，所产生的表面阴影和高光有助于立体感的表现。与整体照明相比，重点照明的高亮度和窄光束能更好地强调对象，增强了空间的趣味性。

能够形成重点光照图式的光源通常为卤素灯、LED 或者金卤聚光灯，为了保证其聚光区域的集中性，通常在光源前加光学透镜，或者将光源隐藏于灯具之后，如图 3-86 所示。

局部照明是为了满足完成某种工作或进行某种活动而去照亮空间中的特定区域的照明方式，通常光源被安放在工作面附近，如放在上方或者侧方，这样比采用均匀式照明更有效，更直接。局部式照明可以把空间分割成几块，给人以不同的心理感受。

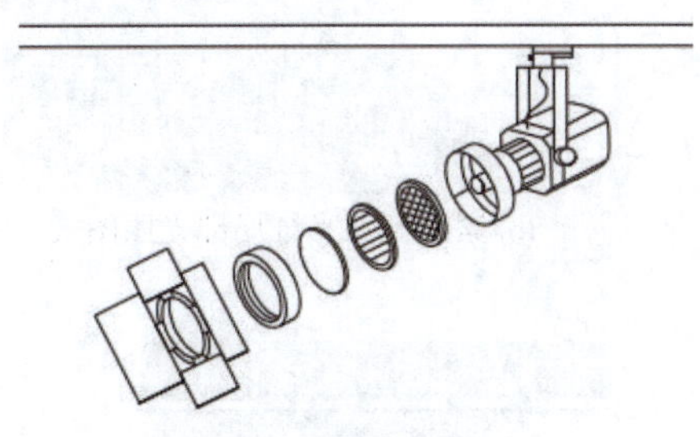

(a)光学透镜导轨聚光灯

(b)聚光灯重点照明

图 3-86　重点照明所用灯具及光照示意图

局部照明是面向特定空间对象（如垂直面墙体）照明，其主要目的是使空间比例化和边界清晰化，就光的分布而言，它分为均匀型和非均匀型，如图 3-87 所示。就所选光源而言，可以是紧凑型荧光灯，也可以是卤素聚光灯、金卤聚光灯等，如图 3-88 所示。

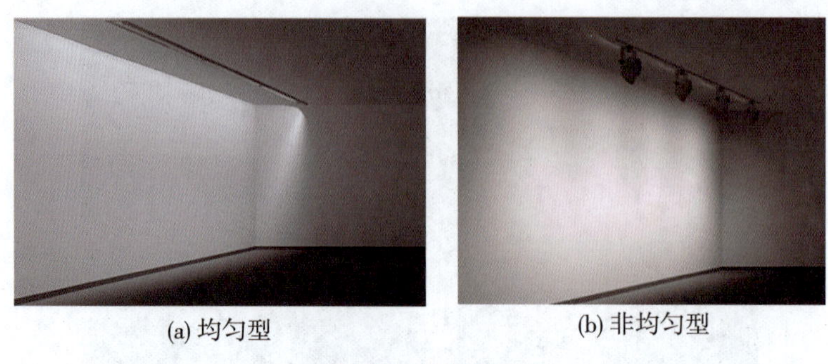

图 3-87 局部照明

整体照明或者环境照明是采用均匀的照明方式去照亮空间，其分散性可有效地降低工作面上的照明与室内环境表面照明之间的对比度。此外，整体照明还可以用来减弱阴影，使墙的转角处的光线过渡视觉效果变得更柔和和舒展，为人在室内的活动提供了舒适方便的照明环境。就照明方向而言，依据直接照明和间接照明的区别，它可以分为以下四种类型：直接定向型、直接漫射型、间接型、直接和间接结合型，如图 3-89 所示。

其中，直接型能形成柔和的照明环境，光在空间中产生的阴影能起到定位作用，其最大的特点就是对能源的有效利用。间接型产生的阴影很少，对空间有较强的视觉界定作用，与直接型相比，间接照明需要更高的强度水平，且二次反射面应拥有较高的反射率。

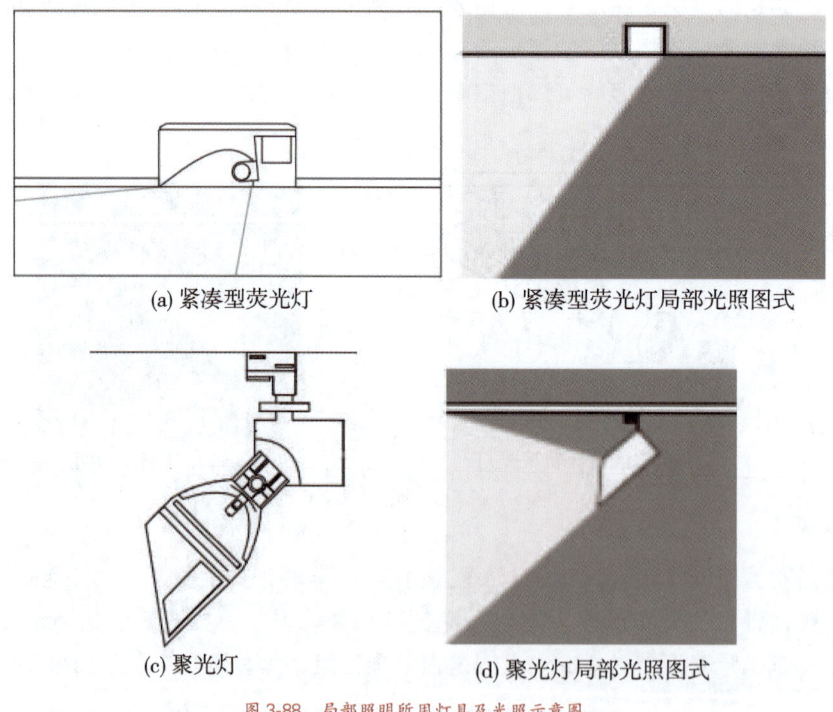

图 3-88 局部照明所用灯具及光照示意图

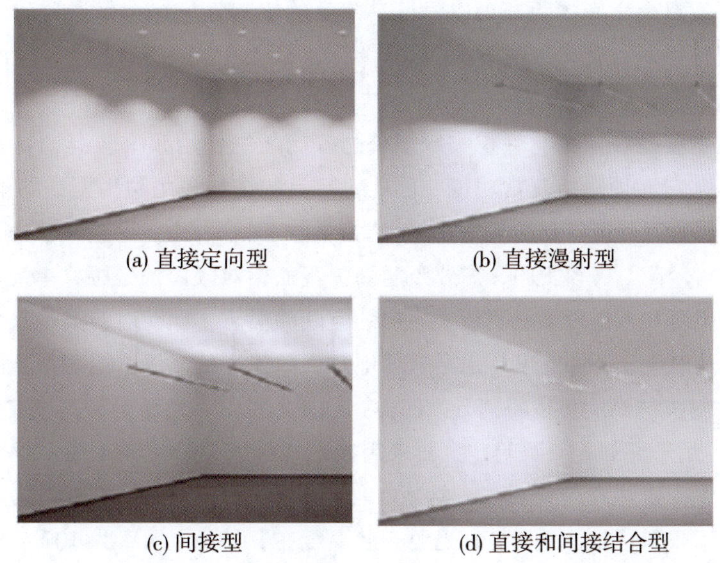
(a) 直接定向型　(b) 直接漫射型
(c) 间接型　(d) 直接和间接结合型

图 3-89　整体照明

就整体照明所选光源而言，可以是 T8 荧光灯、T5 荧光灯、紧凑型荧光灯，也可以是金卤灯、卤素灯、LED 等，如图 3-90 所示。

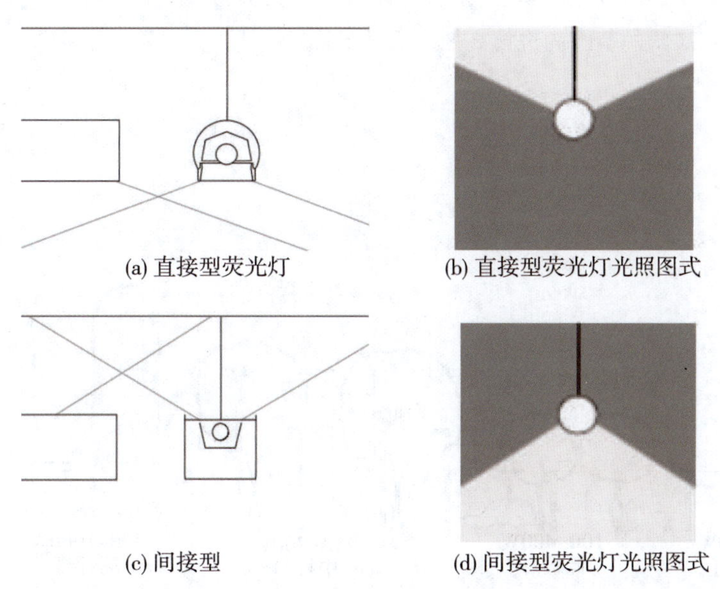
(a) 直接型荧光灯　(b) 直接型荧光灯光照图式
(c) 间接型　(d) 间接型荧光灯光照图式

图 3-90　整体光照图式所用灯具及光照图式示意图

当使用 T5、T8 荧光灯时，由于其照射面积较大，所需灯具的数量较少就能取得均匀的光照效果；当使用金卤灯、卤素灯时，由于其照射面积不大，往往需要灯具的数量较多，且要注意灯具之间的距离，以保证其照度的均匀性。这一点通过对商场和办公空间的布光方式进行对比就可以发现。

(2)室外灯具布置

室外灯具主要是在道路、庭院和绿地公园等场所中使用频率较高，特别在雨天等特殊天气情况下，它必须保持正常功能，因此，灯具的结构多为防雨型或防雨防滴型。

在室内，特别是一些特殊的场所(如博物馆展陈空间等)内，因空间狭小而对灯具的配光精度要求相对较高，相较室内，户外照明则需覆盖相对较广的范围，单纯依靠配光，或者增加光源的强度和入射角度已不能满足户外空间的需求，从而对灯具的尺寸提出了特定的要求，尤其是对于光源的高度，包括从埋地灯到数米高的光源，均可得到应用，如图3-91所示。依据灯具的高度可以将其分为四类：一是低位灯，光源安装高度在0~2m，功率为20~200W，用于局部重点照明，主要采用投光式等容易产生亲近感的照明方式，因低于或接近视平线，要注意避免眩光，常用在住宅的庭院、步行道、公园景区散步小路等，灯具一般向地面照射。二是低杆灯，光源安装高度在2~3m，功率为100~400W，除了要保证亮度之外，还应具有观赏效果，能给步行道和人员集中的环境增添亲近感。灯具的配光方式较多，可采用直接式和间接式，向下照射地面，向上则可以照射高的树木枝叶，增强夜晚空间的开阔性。三是中杆灯，光源安装高度在3~5m，功率为250~700W，主要是为了获得高效的道路照明而使用，配光容易控制，连续配灯的间距约是高度的3~4倍。四是高杆灯，光源安装高度在5~12m，功率为700~1000W，多用于宽阔的停车场和站前广场等，以实现在广阔的范围内进行高效、经济的照明。

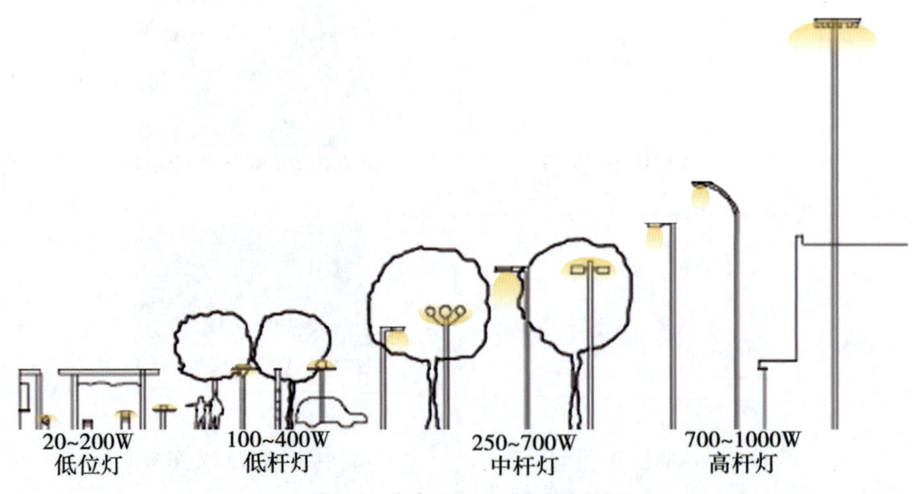

图3-91 户外照明灯具的分类及使用

综上所述，随着光源位置的升高，户外与室内环境的照明需求存在显著差异。在户外环境中，除了建筑构件的辅助，还要通过灯杆来固定灯具。从配光设计上看，这四种类型灯具的基本功能都是为了照亮地面，不同的是低位灯为避免眩光，高杆灯则在高空而无须表现物体细节，所以这两者的配光相对简单，多以直接式为主；而在低杆灯和中杆灯的高度范围内，由于可能存在诸多物体，如高大树木、公共设施等，光源照射范围需要兼顾区域内物体的表现效果，所以配光方式相对较多，在直接式和间接式基础上，又增加半直接式。在光源使用方面，随着灯具高度的增加，光源的功率不断增大，其照射的范围和强度也在增加，光源从白炽灯到荧光灯及高压钠灯、汞灯不断经历着技术革新。

3.3　光照方式与效果表达

3.3.1　表面模式和体块模式

对于展陈空间而言，其光照方式更侧重于灯光的效果表达。灯具在空间中的照射对象包含空间内的物体和空间本身。因此，针对不同的空间形式，应采用不同的照明方式，以凸显空间的体块和层次感，营造独特的空间意境。对于空间内的物体，照明设计更侧重于形体的塑造与表现。

1. 表面模式

表面模式即物体本身不发光，而依靠光源的直射光、反射光等来照亮空间或者物体表面的光照方式。依据光源投射方向的不同，表面模式可以分为如下几种：

(1) 正面光

正面光是落在某个主题区域的定向性照明，光源来自物体的正前方，能表现物体正面的所有细节，包括材质、肌理和色彩。但由于光源与物体成 90° 夹角，其投影效果在立体感和质感方面表现得较差。例如，在一些展览类空间中，灯光主要位于展品的正前方，光源直接照射在展品上。这样一方面能够在较暗的空间中凸显展品；另一方面能够让观赏者看清楚展品的细节，从而增强了观赏者的体验感。在设计过程中，需要根据实际情况来调整光源的配光曲线和投射距离，让照射对象能够完整呈现，如图 3-92 所示。

图 3-92　展览空间中光的正面投射

(2) 侧光

侧光是指通过掠射光对所要表现物体的特定侧面进行投光，一般灯光与照射物成45°光位时，能增强物体的层次和立体感。如图 3-93 所示的大桥上，将灯具放于桥两端的底部，与大桥的两个侧边形成 45°夹角，并沿侧边向上进行照射，形成均匀的照射面，有效增强了大桥在夜晚的显现度。

图 3-93 桥身的侧光照明

(3) 剪影 (逆光)

剪影 (逆光) 一般适用于造型形体较为虚化，使用光源照射无法将物体表面完全照亮的场景。采用这种灵活的照明方式，主要目的是将所要表现物体的背景照亮，从而衬托出物体的整体造型或显示其透明部分。这种光照方式重点在于突出物体整体形态，而不在于其表面细节的展现。在图 3-94 中，将灯具置于位于室外空间的墙角或柱体的背面，对树后的墙体进行照明，高亮度的墙体和黑暗的树形形成强烈的对比关系，在整体上突出了树木的造型特征。

图 3-94 树的背景照明

(4) 顶光

顶光光源来自物体的顶部，对于异形物体，它会使物体自上而下产生浓重的阴影。顶光通常会配合正面光源照射，而不单独使用。

在如图 3-95 所示的汽车展陈销售空间中，将光源置于汽车的顶部，光线自上而下地照射在汽车上，在汽车底部形成阴影，从而增强了汽车的质感和体积感。

图 3-95　汽车销售空间中的顶光

顶光也可用于洗墙照明。在如图 3-96 所示的顶部墙角布置一定间距的光源，照亮了墙立面的木构线条，由于墙面木线本身存在凹凸造型，在离墙稍远的顶面布置光源，对木线进行正面投射，可消除因凸起木线遮挡而产生的阴影。

图 3-96　木构造的洗墙照明

(5) 向上光

用接近地面部分的光源，形成引人注目的效果，照亮背景的光源有助于增强背景的深度。在如图 3-97 所示的墙体上，灯光位于墙体中部，光源向上照射墙体造型，凸显了材料的结构纹理，增强了空间的可视度。同时，暖光与夜晚的冷光形成了对比，对结构进行了强化表现。

图 3-97 向上的光照

2. 体积模式

表面模式是通过外在光源将物体表面照亮的光照方式，而体积模式则是将物体本身内化为光源的光照方式，既能突出自身造型，又能照亮了空间。能够采用这种光照方式的物体，其自身需为透明或者半透明的材质，以便光线才能穿透物体并发散出来。

在如图 3-98 所示的空间中，将光源藏于墙体上的亚克力菱形造型中，形成物体自身发光的效果，使其凸显于墙体的同时，也照亮了整个空间。体积模式下的物体，也可以抽象地理解为一类物的综合体。如图 3-99 所示的住宅建筑，就是被视为内发光的物体，其光线通过立面透明部分，并散射到庭院中。

3.3.2 效果表达

光的效果表达与美学构成是造型概念，也是现代造型设计用语，其含义是将多个单元组合成为一个新的单元，并赋予视觉化的力学概念。在设计领域，构成是指将一定的形态元素，按照视觉规律、力学原理、心理特征和审美法则进行创造性整合。照明设计本身就是一门艺术，因此它也必须关注艺术的原则、美的表现和精神内涵的传达。

图 3-98　菱形发光体

图 3-99　内发光的住宅建筑

1. 统一与变化

统一就是要求照明装置的造型、装饰、色彩和构图等内容实现一致性，并确保照明装置之间、照明装置与环境之间、局部与整体之间的风格达到统一。如图 3-100 所示的顶部的光源，照射在两侧墙面的造型上，光斑与墙面的造型形成对应关系，使空间中各部分的整体风格保持统一。

在如图 3-101 所示的墙体上，通过安装在墙体底部的射灯垂直向上照射，在墙体立面上产生线形光线，形成统一的视觉感受。

图 3-100　间隔有序的地面光斑

图 3-101　SPA 空间墙面的线性光线

过度的统一会让人觉得无趣，缺少刺激。设计师一般会在统一的基础上设置局部变化，如通过光线的造型、色彩及亮度的变化等方式增强局部空间的活力。

在如图 3-102 和图 3-103 所示的室内外空间中，虽基于同一母体的色温和造型，但通过灯光的色温和造型变化，形成了不同的灯光视觉效果，给人带来多样化的体验。

图 3-102 SPA 室内灯光色温统一中的变化

图 3-103 建筑立面灯光造型统一中的变化

2. 和谐与对比

对比是把具有显著差异的两个要素成功地配列在一起，使人感受到视觉上鲜明强烈的对立效果。对比关系主要包括色调的明暗冷暖，形状大小粗细、长短、方圆，方向的垂直与水平，距离的远近疏密、动静以及图底的虚实黑白等方面的对比。

在如图 3-104 所示的公共活动空间中，空间顶部的环形灯与点状射灯形成大小和数量上的对比。小型射灯数量多，可形成统一感；环形灯数量少、体量大，能有效增进空间中的变化；材质引起的光色冷暖对比，使得空间中的重点得以突出。在如图 3-105 所示的中庭中，顶部的蓝光与周围环境暖光在色彩上形成冷暖的对比，增强了人在中庭的视觉观感。

3. 节奏与韵律

节奏与韵律是密不可分的，节奏是韵律的条件，韵律是节奏的深化。在进行灯具布局时，若未能均衡地分布，将产生动感；若有规律地分布，就会形成节奏和韵律。

在如图 3-106 所示的空间中，光源置于造型的内部，且与造型浑然一体，呈阵列式布置。在灯光的亮度、色彩与造型相一致的情况下，空间效果呈现出均匀的节奏与韵律。

图 3-104 公共空间色温对比

图 3-105 中庭色温对比

图 3-106 灯具的节奏与韵律

4. 联系与意境

联想是一种思维的连续性活动，对设计领域也具有重要的意义，它涉及由对一个事物的印象延伸至另外一个事物，并由此产生构思、想象。

如图 3-107 所示的建筑中，设计师对其飞碟造型的底部进行照明，让人联想到飞碟将要起飞的状态，传达出奔驰公司的科技感与发展的动势。如图 3-108 所示的鸟巢中，通过建筑内部的结构照明处理，将建筑的表面结构照亮，使建筑与照明相结合，共同彰显了鸟巢的寓意。

图 3-107　公共空间色温对比

图 3-108　中庭色温对比

第 4 章　景观照明设计与案例解析

景观照明设计概述
案例解析：宁波环城西路方案

4.1　景观照明设计概述

景观指某地区或某种类型的自然景色，也指人工创造的景致。据其形成原因，可以将景观分为硬质景观和软质景观。硬质景观包含景观建筑、道路、园路、小品雕塑、山石、广场、种植池、喷泉、休闲娱乐设施等，主要以人工材料或加工材料组成；软质景观包含乔木、灌木、花卉、绿篱、草坪及植被、溪流、湖泊、河流、滨河滨海地带等，大部分以自然材料构成。最初期的灯光照明，只是用“散点光”凸显建筑的存在，到后来发展为“线性光”，又逐渐形成“面性光”，并逐渐对整个城市都采用“立体光”来照明。景观照明的目的就在于通过照明手段，揭示景观特性，从而创造出“区域性的记忆标志”，强化“场所的持久性印象”，对丰富人文环境具有较大的推动作用。

景观照明设计是建立在对空间整体环境及其所处领域具有透彻了解的基础上，合理利用设计表现元素，并通过自然光或配套灯具对景观进行重构和塑造，以创造一个与日景有所不同的新景观形象。这个定义包含了四层含义：

首先，进行景观照明设计时，设计者必须对空间所处的文化背景有所了解，这涉及宏观且抽象的文化领域。作为柯布西耶的追随者，安藤忠雄在第一次看到朗香教堂时，被其内部的各种色彩斑斓的窗户射入的光线所感动，这些光线恰如其分地表达了宗教文化的神秘，如图 4-1 所示。在他其后的作品中，安藤忠雄试图用质朴心态去表现建筑，无论是“光之教堂”那十字缝隙透出的神秘，抑或“水之教堂”浮萍之下的寂静，都给人的心灵以极大的震撼，如图 4-2、图 4-3 所示。

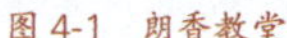

图 4-1 朗香教堂

图 4-2 光之教堂

图 4-3 水之教堂

其次，必须对整体空间环境有所了解，包括空间及建筑的功能，空间内所包含各类软质、硬质景观等，以及被照物体的特性、材质、形状、风格等，从而采取相应的照明表现方式。

再次，应分析所在空间环境中物体的相互关系，关注景观设计所要表现的重点。如图 4-4 所示的室外空间，对于景观内的水体、树、雕塑、建筑等全部内容进行照明，呈现的效果是凌乱的，甚至让人找不到重点所在。如图 4-5 所示为人民英雄纪念碑的夜景照明表现，周边建筑通过灯光层次的巧妙安排，对纪念碑进行有力的烘托，实现了层次分明的视觉效果。所以，照明设计师必须与景观设计师密切沟通，了解其设计意图，以综合归纳出最佳的照明设计方案。

图 4-4 广场夜景照明

图 4-5 人民英雄纪念碑夜景照明

最后，应根据景观的不同要求选择相应的光源，照明设计师需要熟悉各种光源的特点，在强度、色温及光分布等方面根据景观设计作调整，使观者在视觉上产生独特的感受，如低色温可以给观者带来冷的感受，高色温则可以给观者带来空间的开阔感。另外，还要考虑光源自身的安全性，应在保证系统可靠性、节约能源的基础上，创造出安全、优雅的照明环境。

4.2　案例解析：宁波环城西路方案

景观照明要把空间特定的形态和内涵用夜间照明技术表现出来，形成独具美感的视觉效果，主要涉及道路、建筑、园林广场景观照明，道路又可分为立交桥、桥梁，人行道、机动车道(八车道、六车道、四车道，两车道)、街区道路等，应根据不同功能的照明亮度的需求来选用灯具和光源类型。

景观照明作为城市基础设施建设的一项重要内容，是整个城市大发展中不可缺少的环节，是政府经营城市的重要资源，是展示城市形象的重要载体，它对美化城市，提高城市人居环境质量和城市整体素质，以及拉动城市夜间经济都具有重要的作用和意义。在此以宁波环城西路(环城北路—段塘立交)景观照明设计方案为例，深入介绍景观照明设计的方法和步骤，如图 4-6 所示。

图 4-6　宁波环城西路鸟瞰图

4.2.1　设计原则

环城西路是宁波重要的门户形象，对于推广和挖掘宁波历史文化传统具有重要的意义。在设计其照明方案时，注意遵循以下原则：

一是统一协调原则。对所有的沿道路景观、建筑、桥梁、绿化、小品等灯光载体的亮度水平、明暗关系及照明手法都应作整体的、综合的考虑和统一的协调，并基于城市景观照明总体规划的宏观控制，对景区景点和具体照明对象的设计进一步深化处理。

二是重点突出原则。选择位置显著、造型独特、具有重要文化价值或历史意义的若干节点、标志物等作为景观照明表现的重点，起到画龙点睛的作用。

三是坚持以人为本。照明设计要体现人性化，力求视觉的舒适感、形象的识别性、技术的先进性、使用环境的安全性达到有机统一。

四是重视历史文化的挖掘和现代城市文化品质的创造。景观照明应充分体现场景的个性与功能，采取独特的照明风格和照明手法，增进环境效益，形成区域特色。

五是重视建设的科技含量和新技术、新材料的应用。在这个不断更新进步的时代，照明设计应突出时代感、艺术性，并运用节能高效节能的新技术、新材料、新方法，提升城市照明的整体品质。

六是可持续发展原则。在各个层面都要注重照明设计与自然之间的和谐性，满足生态与环保的要求，实现对照明能源的有效合理利用。

4.2.2 设计目的和方法

环城西路的景观照明设计方案的主要目的有三点：一是突出环城西路城市主干道流通的重要功能，二是改善环城西路的夜间照明形象，三是提升和整理沿街建筑景观的光照环境，使其更加宜居适人。

在具体设计方法上，依据点、线、面的设计思路，依次突出路口、道路、绿地景观三个重要元素，如图 4-7 所示。在满足功能性照明的同时，突出路口及重要建筑“点”的视觉形象，做到光色均匀流畅、车水马龙、行云流水，用“线性光”突出道路功能性照明，作为全局光照明的基色铺垫，并在道路平面的室外照明基础上，用各种颜色的灯光将树木、建筑物、雕塑、水等元素都装饰起来，进而从“线性光”发展到“面性光”，让整个城市照明都应用“立体光”。

4.2.3 总体构思

通过对环城西路景观的情况进行整治梳理，总体思路是促使夜景照明达到点、线、面有机结合，形成构图完整的夜景观格局，重视标志性景观地带的景观照明建设，凸显环城西路夜景的自然、人文特色，用亮度和色温的变化加强景观照明的层次感，构建具有纵深感的立体化夜间景观，如图 4-8 所示。根据功能的不同，将区域划分如下：A 区—绿色迎宾区；B 区—都市生活文化区，C 区—都市生态发展区，D 区—绿化景观区，D 区贯穿于 ABC 区域内。

1. 亮度规划

根据不同的功能及其照度推荐值(见表 4-1)，将环城西路的亮度等级分为四个等级，分布在四种控制区域内：

A 区亮度等级为二级：作为下杭甬高速进入宁波的重要通道，应加强宁波形象的输出，保证良好的夜间车道视觉和景观雕塑的照明效果应作为重点。

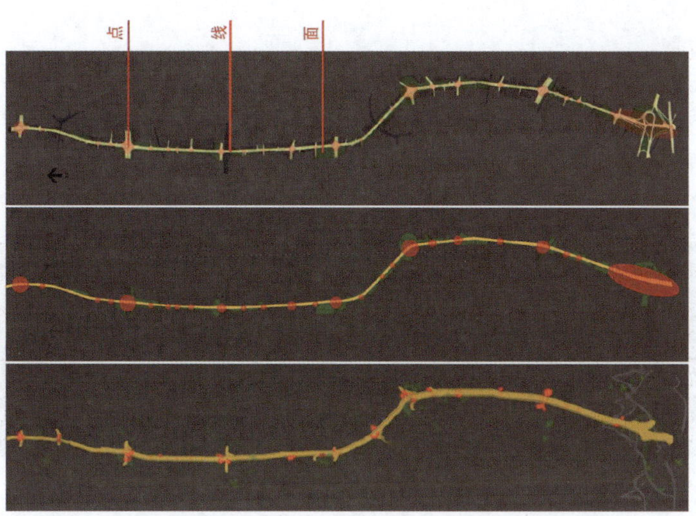

图 4-7　宁波环城西路景观照明设计的“点线面”

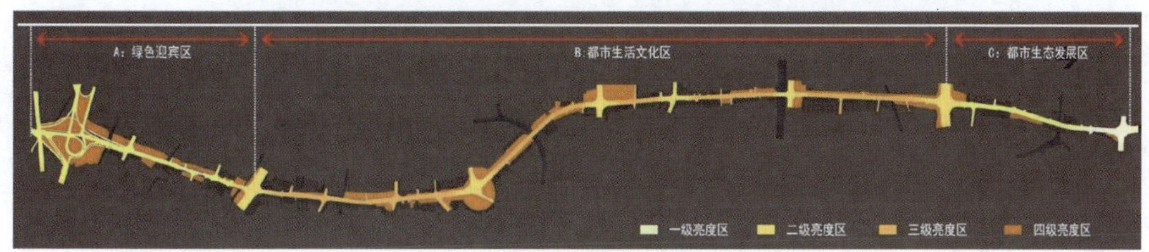

图 4-8　宁波环城西路景观设计分区

B 区亮度等级为三级：其照明载体较丰富，沿路有大量建筑群，应强化对城市轮廓线的表现，此外，作为城市生活形态较为丰富的区域，应在严格控制光污染以保护人文环境的同时，以多种表现手法展现宁波丰富多彩的生活和深厚文化底蕴。

C 区亮度等级为一级。

D 区亮度等级为四级。

为避免景观区直接亮度差异过大，对景观区之间的相邻景观带应做过渡处理。

表 4-1　**绿地、地面人行道和入口照明的平均水平照度值**

照明场所	绿地	人行道	地面	主要入口	商业区	居住区
平均水平照度(lx)	2~5	5~10	10~15	20~30	10~20	5~10

*注：市政广场照明设计应遵循原则：有集会的市政广场的主要活动地面平均照度为 20lx，并应预留 60%电容量作备用电源，为照明增容创造条件。

交通广场照明设计应遵循原则：铁路或港口的站前广场地面平均照度为 10~20lx，在人流车流繁忙时可取 20lx，在后半夜宜降低一半。

商业广场照明设计应遵循原则：商业广场地面平均照度不应低于 20lx。

2. 色温控制

根据区域的不同功能，以“白”为主基调，适当通过色温的差异来构建空间的层次感。主要区域色温分布如图 4-9 所示。

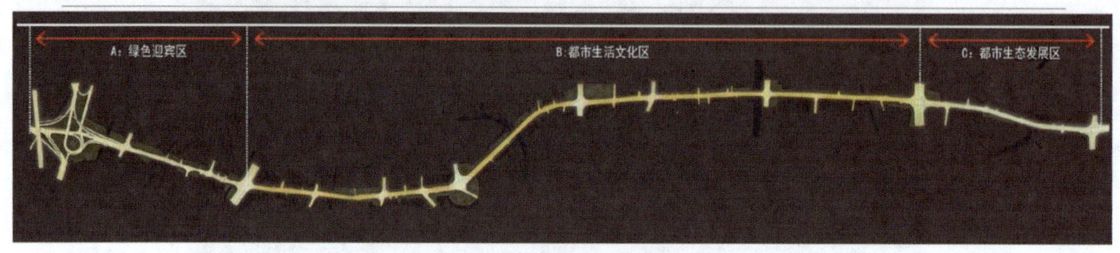

图 4-9 宁波环城西路景观设计色温分区

A 区：主要道路以暖白色为基调，高照度时形成明亮清晰的视觉感受，以暖黄色作为补充。

B 区：以暖黄色为基调，白色为补充，适时补充少量彩色。

C 区：主要道路以暖白色为基调、暖黄色为补充，沿街道路景观和建筑可融入少量彩色。

D 区：以暖白色为基调、暖黄色为补充、青绿色做点缀。

对于标志性建筑、特色建筑和夜间气氛活跃的区域，可根据不同情况，在保持主色调的前提下，有针对性地使用多光色，对于屋顶或外立面有色彩的建筑物，可用灯光光色对其还原。

4.2.4 分区设计分析

环城西路的照明设计要点包括四个方面的内容：①道路作为城市主干道，功能性道路照明要突出，重点要保障道路畅通。②环城西路由于历史原因，历经多个年代的多次施工，路灯和庭院灯造型各异，需要统一造型。③执行道路照度标准，做到道路光色快捷流畅，以保障行车的良好视线。④在节能方面，采用高光通量的高效能灯具，分段分时智能集中控制。

环城西路各分区具体照明设计如下：

1. 区域一：(绿色迎宾区)亮度等级为二级

(1)立交桥照明

随着城市建设的快速发展，城市立交桥正在逐渐成为城市景观中的重要部分。立交桥的照明设计涉及功能性照明和景观照明两个方面。功能性照明主要应解决夜间行车道路、桥梁的照明问题，旨在开阔视野，引导行车方向，保障交通安全、畅通，提高运输效率；

景观照明的目的则是根据桥梁特点，通过恰当的照明手法表现出立交桥的立体感。

立交桥照明需要考虑将功能性照明与景观照明相结合，既兼顾整体效果，又突出重点；既要有层次感，又要有和谐感。具体的细节包括光源的光通、色温、显色性等参数的选择，灯具对光通的分配、眩光的控制，立交桥区与外展部分直线段的结合和过渡，并考虑道路两边设置的灯柱是否醒目、是否具有立体塑造感，在中心区没有路灯灯杆的部分如何描绘行车道路边线，且兼具诱导性和装饰性两种功能，等等。

功能性照明设计主要涉及立交桥中心区的高杆灯照明和立交桥外展部分的道路照明，可采用控制光通量的直接配光照明技术。景观性照明设计要考虑观景点以及相应的景观内容的构成。

立交桥是一种特殊的景观，其观察视角很多，不同位置的景观构成也存在很大差别，主要分为四个部分：①高架车道形象主要通过车道边的栏杆来表现，②立交桥主要靠立面梁柱支撑，形成多层次、多车道垂直重叠的景象，此外，还需要对梁柱进行表现，③立交桥区都要设置绿地，对调剂桥区的景观环境具有重要的作用，④从高视点观赏立交桥全景图案，既有车道边线条轮廓，又有绿地内的灯光构图和雕塑，还有桥区内路灯、高杆灯形成的亮线，这些灯光元素综合在一起，形成有机的整体画面，如图 4-10 所示。

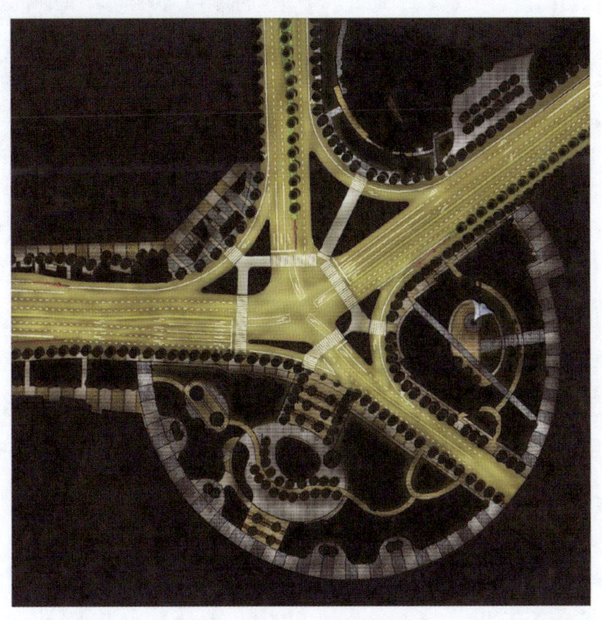

图 4-10　宁波环城西路立交桥照明

鉴于立交桥中心区的道路较集中，桥梁上下重叠、纵横交错，如果在此区域道路上采用传统道路照明设施及布局手法，则会造成诸多弊端，如灯杆林立，使人眼花缭乱；上跨桥梁与下穿道路之间灯光互相交叉易产生眩光，影响行车安全，而且大幅增加了工程量，桥上灯杆位置、灯杆高度的设计必须结合桥梁结构和桥墩位置做综合考虑，否则将很难保证均匀的照度。此外，因桥体在行车时产生的振动将极大地影响桥上灯具的寿命。所以，立交桥中心区的照明不宜采用桥上布置灯杆的做法，而应采用在高点位集中设置照明灯具的做法，即高杆灯照明，在中心区设置 4 支 35 的高杆灯，如图 4-11、图 4-12 所示。主要面光源为 400w 卤灯，间隔为 160m，负责立交桥中心区主要道路和桥梁照明，可有效减少灯杆林立的现象，并可充分利用高杆灯的灯杆高、照射半径大的优势，提高照度均匀度，减少工程量，控制眩光。

图 4-11 道路高杆灯

图 4-12 道路高杆灯照明效果

立交桥区域的栏杆分内外两侧，外侧栏杆具有充分的景观距离，灯光图式可以相对丰富一些，而对于内侧栏杆，考虑到景观的观察对象主要是驾驶者，适宜采用的灯光形式应是具有韵律感的明暗光斑，这种灯光效果相较连续亮度的模式，更能有效提升驾驶者的注意力，如图 4-13 所示。桥上护栏部位上的照明设施都位于驾驶员视野范围内，所以必须防止产生眩光。照明设计既要构成景观，增强诱导性，又必须避免干扰司机的视线。护栏标示出车道的范围，指引车道走向。桥上护栏照明应选用小功率、低照度的 LED 贴片护栏管，其使用寿命长达 5 万小时，由高档 PC 管材制成，功率为 10W/M，采用隔一段距离安装一个点光源的手法，既可以勾画出道路护栏的轮廓，提高照明设施的诱导性，又避免了眩光刺激，且兼具警告功能，形成辅助性线条。大桥侧面的面积最大，构造虚实结合，十分引人注目，是最壮观的视觉面。上层桥板与下层桥洞形成虚实对比、层次错落的视觉效果，并采用连续性发光二极管照明大桥侧面的桥腹，控制光线仅照亮桥梁外侧部，构成连续实体线形，勾勒出的大桥轮廓线型最能体现桥梁宏伟高大、多层高架、流畅的线形和结构特点，呈现彩虹飞架的壮观景象。

图 4-13　立交桥护栏内外侧照明

桥墩也是人们投以较多关注的重要构件，无论是沿桥侧辅路行进，还是在桥下穿行，桥墩都是与人最接近的结构元素，也是立交桥底部景观的主要载体。比较适合桥墩的照明方式是在柱子的上部端头设置灯具，如图 4-14 所示。在这一位置设计灯光图案，能较好地契合人的视觉欣赏习惯，也能够使灯光形式形成较大的变化，并能兼顾桥板底面和柱身的照明效果。例如，可在高架桥立柱上端布置 50W 显色指数为 2800K 的卤钨灯照亮立柱(卤钨灯直径 120mm，高 125mm)，并采用内嵌方式。

图 4-14　立交桥护栏外侧及桥墩照明

桥区绿化背景的照明，作为体现整体景观效果的重要组成部分，能体现立交桥区域独特的人文特色。对高大树木，可采用 50W 色温 3000K 的大功率投射灯于树下进行照明，投射出树木的轮廓感，如图 4-15、图 4-16 所示。

(2)道路照明(六车道)

道路照明的主要目的是为机动车驾驶员提供良好的视觉条件，使他们能及时发现前方 60~160m 范围内的障碍物。环城西路属于快速道，根据我国新修订的《城市道路照明设计标准》规定，沥青路面平均照度维持值为 20~30lx。合理选定照明标准值是非常重要的，大量的试验研究表明，驾驶员评价为“好”的道路照明所对应的平均照度约为15lx，而并非越亮越好。

图 4-15 大功率 LED 投射灯

图 4-16 立交桥绿化带的景观照明

立交桥中心区向四周外展部分基本上是直线路段，在满足相关规范要求的基础上，采用普通路灯杆双侧对称排列的布局方式，既能提高道路照明的引导性，又能节约投资。立交桥外道路照明大多采用光效高、透雾性能好、寿命长的高压钠灯作为主光源(色温以 2800K 为主，形成略偏黄色的照明效果)。同时，为了突出高架桥的特色，满足景观照明需求，在立交桥照明区域范围内，特别是环城西路方向的道路上，沿道路布置 12m 高的普通路灯杆，间距约 30m，配装半截光型照明灯具，并利用 4000K 的白色金卤灯作为主光源，从而使其既能与城市原有道路照明融合，又保持一定差异性，同时，设置 4m 高庭院灯，间距约 15m，光源采用 70W 金卤灯，道路平均照度值为 73lx，用作非机动车道及人行道照明，灯具为半截光型，防护等级不低于 IP55。

这段路为双向六车道，道路设计分为绿化带间隔和防护栏间隔。绿化带具有装饰性，但无法阻止行人乱穿马路的行为。路中间的绿化带宽为 3m，安装小型投射灯照亮绿化带，可对道路起到指示照明及引导作用，灯具照射范围可稍小些，如图 4-17 所示。防护栏可以有效地阻止人们乱穿马路的行为，减少交通事故发生，提高车辆通行效率，造价低，但不美观，为了增强警示作用，灯光照射范围可设置得宽一点，并在安全护栏上贴反光条，如图 4-18 所示。

图 4-17 中间为绿化带的六车道照明

图 4-18　中间为防护栏的六车道照明

2. 区域二：(都市生活文化区)亮度等级为三级

步行商业街通常位于城市的中心区域，其照明系统往往是城市夜景照明的重要组成部分。它不仅在白天作为人们购物、休闲的城市公共空间，而且在夜间也成为人们活动的重要场所，因此，良好的步行商业街夜间光环境成为评价其环境质量的重要因素。

(1)道路照明(四车道)

这段路为双向四车道，采用对称式布灯方式，将 10m 高的截压型金属卤钨灯分别布置在道路两侧，以实现对每侧宽为 10m 的机动车道进行照明的需求，路灯杆之间的间距为 20m，并在安全护栏上贴附反光条，以起到警示作用。两侧人行道与机动车道之间的绿化带上安装 4 米半截光型路灯，安装间隔为 20m，此外，在人行道景观带中用 1m 高的草坪灯对景观带灌木进行装饰照明。

由于道路较窄，选用灯具时，相较六车道可适当调整，布置方式改为两侧错落布置，光源强度也会相对应地降低。

(2)街景照明

街景照明主要涉及路边建筑外观立面、商业设施等景观照明，其设计应契合居民生活状态和城市文化。此外，街景照明作为可触摸、可直接感受的实用设计艺术，也是城市与城市之间视觉辨识的重要标志。

建筑的外观照明并非在夜间简单地再现其在白天的形象，而是利用现代照明艺术和技术手段，对建筑设计的重点元素进行艺术化的再创作。建筑景观立面照明依据灯光投射的不同方位、方式、特点可分为轮廓照明、泛光照明、内透光照明、特殊照明等方式，设计师通常会将其中两种或者两种以上的照明方式结合使用。在本方案中，对于宁波西路上的一些具有中西合璧特色的建筑物，采用泛光照明方式，选用卤钨灯、金卤灯及大功率 LED 等光源，以投射灯形式对墙身、窗口、檐柱等进行投射照明，如图 4-19 所示；对于玻璃幕墙，由于它采用的是虚实相结合的结构处理手法，且玻璃的反射率较高，考虑到入射角度及光强等因素会造成令人不适的眩光，故采用内透光照明方式，如图 4-20 所示。

图 4-19 实体建筑的泛光照明

图 4-20 虚体建筑的内透光照明

商业街区的照明可分为道路、商铺橱窗及店招三个区域的照明，三者之间具有相辅相成、密不可分的联系，但对于相邻的两个区域，在亮度关系上应体现出一定的差异，以确保在满足照明功能的基础上，以灯光表现来突出重点。

由于商铺橱窗照明范围较小，本案采用三种方式：一是环境照明，采用直接投光照明或间接漫反射的照明方式，作为功能性照明，它为展示橱窗商业展品或商业内部服务环境提供基本的照明需求，并且可以有效地引导视线，平均照度一般在 200～1000lx，所选择的灯光强度和色温能够塑造不同的展示氛围，如图 4-21 所示。其中，(a)、(b) 都是以顶面 5 盏间距相等的宽光束卤素射灯同方向照射形成环境照明，(c) 则是通过下悬的吊顶形成环境照明，同时配合顶面射灯进行重点照明。二是重点照明，一般采用定向投光的照明方式，平均照度在 1500lx 以上，采用不同于环境照明的光线以增强背景与展陈物的亮度对比，使展示对象从橱窗的整体空间中凸显出来，从而吸引消费者的注意力，这种手法往往能够有效地营造出神秘感与厚重感，如图 4-22 所示的三盏射灯对准模特上身范围进行照射，即为重点照明。三是特殊照明，一般采用动态照明或逆光剪影

(a)

(b)

(c)

图 4-21 橱窗环境照明

等特殊的照明方式，以戏剧性的手法来增强不同光源自身的艺术表现力，能营造特定的展示主题、烘托橱窗氛围，强化展示内容的视觉冲击力，从而引起消费者在感情联想上的共鸣，如图 4-23 所示。

商业标识照明设计中最重要的是商业店招的照明设计，它是突出商业品牌的重要手段，不仅要实现简单的场所指示和引导功能，而且要能展现出更深层次的内在价值。本案采用的标识照明方式有：投光式照明标识、灯箱式字标、发光亚克力字标和霓虹灯标识，如图 4-24、图 4-25 所示。

图 4-22　橱窗重点照明

图 4-23　橱窗特殊照明

图 4-24　灯箱式招牌

图 4-25　发光亚克力字

3. 区域四：(绿化景观区)亮度等级为四级

绿化景观区包含了植物景观、水体景观、山体、景观小品、交通设施等诸多元素，照明设计师应考虑这些被照景观元素的特征、材质、形状、风格等，以及它们在环境空间中的相互关系，这些因素构成了景观照明设计的基础，是确定照明灯具的选择和布局的依据。

(1)植物景观

植物景观的照明设计，应遵循以人为本的原则，打造优美宜人的休闲娱乐环境。它是一种有选择性的装饰照明，主要目的是增强景物的视觉效果，营造出一种朦胧的景观意境美，在设计过程应充分利用照明光源的特点，并注意光与色的配合，应兼顾整体，突出重点，使人产生一种柳暗花明又一村的感受。

植物景观照明是都市生活区照明的重要组成部分，在城市夜景元素中，植物的颜色和外观会随着季节的更迭而变化，这不仅成为城市景观的一大特色，也是城市生命力的体现。夜景照明效果要适应植物的这种变化，尽量用光源去突出其本来的颜色，创造出与日景不同的视觉效果。都市生活的植物通常分为两种：树木和草坪。根据植物种类、形状、色彩及大小等因素的不同(若按高低区分，则树木有乔木和灌木之分)，本案采用的照明方式有以下四种，可实现不同的夜间效果。

第一，上照式。对于中等高度的树木，一般采用功率为70~150W的金卤灯或汞灯自下向上地照明，灯具选用中等光束。上照式可以照亮整个树体，立体感较强，是强调植物环境的主要方式，如图4-26和图4-27(a)所示。通过地埋灯上照较为高耸的树木，则须选用功率更大的灯具或窄光束灯具，但光源功率越大，眩光问题可能会越严重，所以选择的灯具须采用防眩光措施，如内置防眩光隔栅等；对低矮的灌木则使用小功率的灯，灯具体积也相应较小，当树木较高时，若光投射距离不够，可以将灯具置于树干部分，如图4-27(b)所示。

图4-26 树木的上照式照明

第二，下照式。将灯具固定在树枝上，或用高于树木的灯具照射，让灯光透过树叶往下照，在地面上形成树叶交错的阴影，使夜间环境多了一份灵动。这种方式适合在步行街、道路、居住区、公园等较雅静的场所使用，如图4-28所示。

(a) 埋地灯照明

(b) 明装投射灯

图 4-27　树木的上照式照明

图 4-28　树木的下照式照明

第三，剪影效果。将树后面的墙面照亮，高光墙作为黑色树木的背景，反衬出树的背影，形成逆光效果，如图 4-29 所示。

第四，串灯式。将串灯或灯笼挂在树上，如星星般闪烁，这适用于某些节日期间商业街或街道的夜环境，如图 4-30 所示。

草坪可分为观赏草坪、游憩草坪、防护性草坪等，是人工建造和维护的绿化植物覆盖物，其主要特点就是低矮且覆盖区域广。草坪灯的选择应遵循避免眩光、防盗、美观等基本原则，如图 4-31 所示。

图 4-29 树木的剪影式照明

图 4-30 树木的串灯照明

图 4-31 草坪灯照明

(2) 水体景观

水景是园林景观的重要组成部分，其形态多样，既有水面开阔、碧波荡漾的大湖水景，即静水景，也有溪涧、喷泉、瀑布和水泥池等动水景。

对于静水面的夜景照明，主要方式是利用水面造景实景和岸边树木及栏杆的照明在水面形成倒影，通过倒影与实景相互对照衬托、正反相映的动态效果，创造情趣盎然美不胜收的景致，往往能使有限的空间产生开朗的感觉，如图 4-32 和图 4-33 所示。可通过灯光语言描述出小空间水景的小中见大的意境，也就是说，水边元素的夜景设计应该同时考虑两个方面的构图要求：一是岸上景观元素自身的夜景图案效果，二是其在水中投影的景观图案效果。

在具体的做法上有很多值得注意的地方，比如，对水边元素配置灯光时，应尽量将用光范围控制在元素靠近地面的较低部位，以强化水面的尺度，水中的灯光倒影也不至于拖得过长，避免岸边不同部位景物的灯光倒影占据面积不大的水面。另外，水岸边界不宜连续地设置灯光，应适当留出一些暗处或“虚化”的局部，给人留下想象的空间，似乎水面在此处延伸开去，进而增强水面的纵深感。

水喷泉夜景照明是目前发展水平最快、科技含量最高、实际应用最广的照明种类，水喷泉大多用水下灯照明，灯具一般布置在喷头端部，与水池、喷泉的结构进行牢固连接，灯光照射方向与喷水方向保持一致，大多采用 PAR 灯，如图 4-34 所示。旱喷泉的设计略有不同，通常会在水池中先做好金属格栅，然后在上面安装硬质材料的喷水头孔，在喷头对应的下部安装水下灯，如图 4-35 所示。雾喷泉是一种特殊喷泉形式，它具有极佳的观赏性，在水池中设置水下灯是雾喷泉的特色，采用地埋灯则是旱地雾喷泉的特点，一般是安装宽配光灯具，使飘动的水雾具有均匀的亮度，而对于面积宽大、喷射高度在 7m 以上的喷泉，则可用投光灯的照明方式。

(a)立面

(b)剖面

图 4-32　静水照明剖立面

图 4-33　静水照明实景

图 4-34 水喷泉照明

图 4-35 旱喷泉照明

目前，在水景应用领域最为流行的方式是结合声、光、电的喷泉工程或激光水幕系统。喷水照明在安装灯具时，其角度应该能够照亮水柱及喷水端水花散落的景象。另外，在进行彩色照明时，一般使用红、黄、蓝三原色，彩色光是通过滤色片实现的。其中，采用得最多的是白炽灯。如果喷水柱较高且无须调光时，则可用高压汞灯或金属卤化物灯进行照明。对于喷泉、瀑布，可利用水下照明，即将相同或不同颜色的水下灯按一定图案排列并向上照射，创造出神奇的效果，别有情趣。

(3) 交通设施景观

景观区域内部的交通空间以人行道为主，包含台阶、桥等诸多在空间中发挥起承转合作用的辅助元素，它们提供了人在景观中移动的路径。景观交通空间的照明职能是保障交通的安全，并努力达到与其他景观要素的协调统一。

人行道照明设计需要考虑到安全和美学两个方面。从安全角度来看，照明应使人能够识别道路的形状、走向、边界、起伏变化，即满足识别性、连续性和方向性三个方面的视觉要求。在整体景观亮度的规划中，道路一般不处于最高等级，平均照度应控制在30~50lx，与最亮处舒适的亮度比应在1∶3~1∶6。从美学角度来看，灯具的背景和效果同样重要，往往被作为总体空间识别系统的一部分，因此，灯具的间距应保证形成有序的光斑，提供均匀柔和的照明，如图 4-36 所示。

桥作为跨越河流的交通建筑物，其发展历程与交通功能需要和经济与科学技术的进步密切相关，体现了人文、工程技术与艺术的融合。与城市的立交桥、天桥等大型桥体有所不同，绿化景观区的桥梁多为石拱桥等景观桥，其桥墩和桥身通常自然地连接为一体，且桥身体量一般不大，因此多采用投光照明，一般是将桥身侧面和桥墩侧面一并照亮，且亮度主要集中在桥身护栏部分，如图 4-37 所示。投光灯具也可以设置在河两岸靠近桥墩处，与桥身侧面呈一定角度向桥身投光。此外，景观桥也可采用 LED 灯光来勾勒整桥的轮廓，并为桥上的栏杆提供辅助照明。

图 4-36　人行道照明

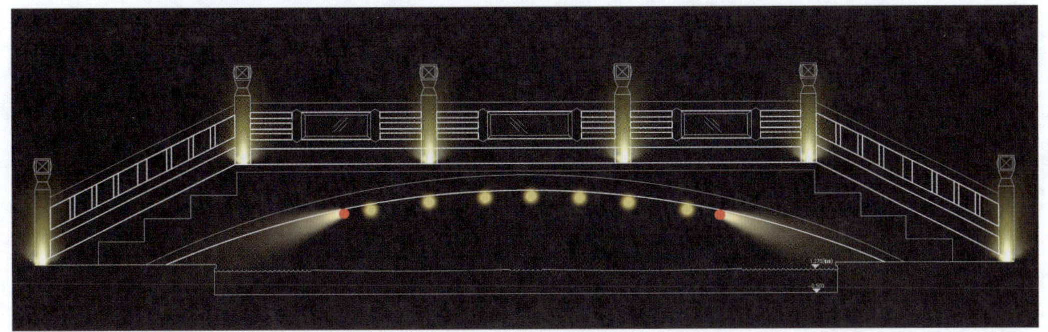

图 4-37　桥体灯照明

(4)景观小品

在建筑与景观领域，将不依附建筑而独立存在的碑亭、雕塑、花台等景观元素称为小品。景观小品属于硬质景观，其种类较多，是园林景观中最活跃、最富于活力的造景元素。

雕塑是一种公共艺术，多设在城市广场、交通路口等位置，在对雕塑进行照明设计前应考虑三个方面：一是雕塑的形状，包括质地、纹理、材质和色彩等，二是灯具的安装及其与其他环境元素的关系，三是雕塑所处环境的特征。对雕塑的照明，其目的是通过阴影和不同的亮度塑造鲜明的轮廓和立体感，要求照亮整个目标，但应避免均匀布光，具体布光时需考虑三个要点：一是可以在雕塑侧下位置布光，灯具尽可能与地面平齐，从侧面自下向上进行投光，如图 4-38 所示。针对关键的部位，如头部、面部、姿态等，需要进行重点刻画，以呈现神态真实、光影适宜、立体感强的照明效果；二是布灯时要注意避开观者的视线方向，防止产生眩光；三是选用显色性能好的金卤灯或卤钨灯，显示指数(Ra)应在 85 以上。

图 4-38 雕塑照明

亭阁属于仿传统建筑，多采用木结构，在形式上与现代建筑有较大区别，且讲究细节刻画，造型精美。亭阁的照明需要遵循以下三个原则：一是表现建筑的形体美，二是对建筑细节尽量刻画，三是处理好亭阁与周边环境的关系。

为全面展现亭阁整体形体，可采用屋顶轮廓照明和柱体重点照明相结合的方式，这样既能表现建筑的形体，也对亭阁的细节进行刻画。例如，对屋顶的照明，可在檐口设置小型投光灯对瓦片进行纹理细节刻画，而顶部攒尖部分则在檐口设置小型窄光束投光灯，从多方向来照亮尖顶，如图 4-39 所示；也可使用勾勒的方式，在亭阁周边以霓虹灯勾画其轮廓，如图 4-40 所示。对于亭阁的柱体，可以在其上部设置投光灯或者下部设置埋地灯来照亮柱身。

图 4-39 亭阁的投光照明

图 4-40 亭阁的轮廓照明

本案对亭子整体形体表现是通过内透光形式表现的，如图 4-41 所示。在亭子的檐口内侧安装 T5 或者 T4 灯光，烘托亭子内部空间，但采用这种照明方式的前提是需要降低相邻周边环境的亮度，对周边乔木的照明采用埋地灯的形式，使其入射方向正对树底部分。

图 4-41　亭子的内透光照明

第 5 章　室内照明设计与案例解析

室内照明设计概述
案例解析：住宅样板方案
案例解析：餐厅样板方案

5.1　室内照明设计概述

室内空间，具体是指建筑内部空间。依据建筑内部空间的结构，可以将室内空间划分为结构性空间和非结构性空间。前者因结构件限定了原有空间形制，空间可改造性较弱。后者的空间尺寸较大，且结构件对空间没有限制。室内照明设计与空间结构和形态息息相关。对于结构性空间，可采用具有活动性的灯具；对于非结构性空间，在活动性灯具的基础上，可融合更多建筑化灯具的设计元素。室内照明对象包含空间及空间中的物体，依据照明物体的材质属性，可以采用不同的光照方式，从点光源到体光源，光源相关技术也从最初的卤钨灯演化到当代的 LED。室内照明设计不仅仅是亮度设计，不只是要能让人能看清楚物体，更在于根据空间的功能需求和形态，创造合理的亮度分区，营造符合空间气质的氛围。

室内照明设计是建立在对空间整体环境及其所处领域有透彻了解的基础上，结合空间功能需求与设计重点，通过自然光或配套灯具对空间及其内部物体进行重构和塑造，和室内设计共同创造舒适的光环境。具体而言，室内照明设计可分为如下几个具体步骤：

首先，室内照明设计必须了解室内设计的内涵和表达重点，照明不是一个孤立的操作环节，而是与室内设计联系紧密。例如，博物馆和餐厅空间设计各有侧重，博物馆照明强调对展陈物的展示，而餐厅除了使用对菜品的精细化照明，还应关注照明对空间设计重点的表达，以营造愉快的就餐氛围。因此，了解室内的功能和设计需求是室内照明设计的第一个步骤。

其次，室内功能照明依据空间的不同功能，会有不同的照明标准，照明设计要参照相关标准，为各种工作面提供合理的照度和亮度水平，以满足人在视觉环境中的活动需求。

再次，结合功能照明和环境氛围的需求，营造室内空间合理的亮度水平和分区。例如，在商业店铺照明中，可以营造亮度水平较高的空间环境，以此来刺激顾客的购买欲。也可以营造亮度分布不均的空间环境，以塑造品牌的附加值，提升购物环境的质感。

最后依据功能及氛围需求，合理选择和布置光源和灯具，把宏观的设计构想落实到具体的微观设计实践。

5.2　案例解析：住宅样板方案

5.2.1　住宅中各区域的照明分析

住宅样板间兼具住宅和商业展示的双重属性，在照明设计上需要考虑其功能性及展示性，可以从瞬时效应和积时效应两个方面来筹划照明方案。在功能性方面，应根据不同的空间属性和人的不同行为来决定照明布局的位置和数量，同时也要考虑人的行为也会因时间的变化而不同，存在着积时视觉疲劳等影响因素；在展示性方面，样板住宅具有引导顾客消费的作用，在满足功能性的同时，应适当渲染空间气氛，提升空间的吸引力，以促进商品住宅的销售。表 5-1 给出了居室中不同功能空间的照明要点分析。

表 5-1　　**居室中不同空间的照明要点分析**

<table>
<tr><th>功能区域</th><th>行为特征</th><th>照明方案要点</th><th>照度值推荐(lx)
GB50034—2013</th><th>视觉心理感受</th><th>灯具选择控制</th></tr>
<tr><td rowspan="3">客厅</td><td>会客迎宾</td><td>(1)能够看清室内全貌
(2)满足基础照明条件，适当增加空间的整体亮度和对比度</td><td>100~300</td><td>(1)空间显得较为明亮
(2)开阔感比较强
(3)营造业主所需的空间气氛</td><td rowspan="3">(1)采用多种照明方式相结合的方法，满足不同行为的需求
(2)根据生活场景可调控，如调光开关或场景记忆开关
(3)客厅开放区域相对较大，光源可适当增加开关双控</td></tr>
<tr><td>聊天休闲看电视</td><td>在看电视时，降低屏幕亮度和环境亮度的对比度</td><td>100</td><td></td></tr>
<tr><td>阅读</td><td>基础照明条件，满足阅读照度要求</td><td>300</td><td></td></tr>
</table>

续表

功能区域	行为特征	照明方案要点	照度值推荐(lx) GB50034—2013	视觉心理感受	灯具选择控制
餐厅	用餐	(1)保证菜品的显色性 (2)人脸也要照得清晰 (3)高显色暖光能促进消化	150	(1)餐桌要比周围明亮 (2)营造恰当的就餐氛围	(1)注意整体照明要与餐桌照明相搭配 (2)采用可调光开关 (3)光源适当增加开关双控
书房	工作	(1)引入照亮书桌及周围的灯具 (2)为减轻眼睛疲劳，使用不会闪烁的灯具 (3)用于专注兴趣时的灯具要可调光	普通办公 300 设计工作 500		(1)采用桌灯与房间整体照明相结合的方式满足工作需求 (2)整体照明满足私密会客的基础照明需要 (3)采用可使用调控器调光的开关
	私密会客	基础照明	75~100	营造昏暗私密的交谈氛围	
厨房	备餐	(1)为了刺激味觉，应该采用高显色的白色光 (2)整体光线看上去更清洁，操作位置要更亮些 (3)餐厅与厨房连体时要统一光色或安装可调光、调色的 LED 灯具	操作台 150 一般活动 100		(1)安装手边灯 (2)如厨房为独立房间，可采用白色光
卧室	睡觉 看电视 聊天 床头阅读	(1)考虑睡觉时的姿势，不要让光线直接进入眼睛，可根据不同行为来调节明暗 (2)考虑深夜时可利用的灯光	75 150	营造私密氛围	(1)采用可调光开关 (2)安装常开夜灯 (3)安装读书灯
卫生间	照镜子 卫浴活动	(1)亮度要足够确认排泄物，以保障平日检查自己的健康情况 (2)考虑深夜使用的方便性	100		(1)采用瞬间开灯的灯具 (2)选择灯光不刺眼的灯具

5.2.2 住宅样板照明设计方案分析

此户型为 168m² 平层住宅，设计目标对象定位中高端人群，事业有成，收入稳定，对生活质量有一定追求，对审美有较高的要求。

1. 亮度整体规划及灯具布置

将住宅分为公共区、半公共区和私密区三个区域，其中客厅、餐厅、厨房、过道区域属于公共区域，书房属于半公共区域，卧室和卫生间则属于私密区域，并据此将住宅空间的亮度规划为三个等级：公共区域设定为一级亮度区域，照度大于 300lx；半公共区域设定为二级亮度区域，照度介于 100~300lx 之间（局部除外）；私密区域设定为三级亮度区域，照度介于 50~300lx 之间，如图 5-1 所示。

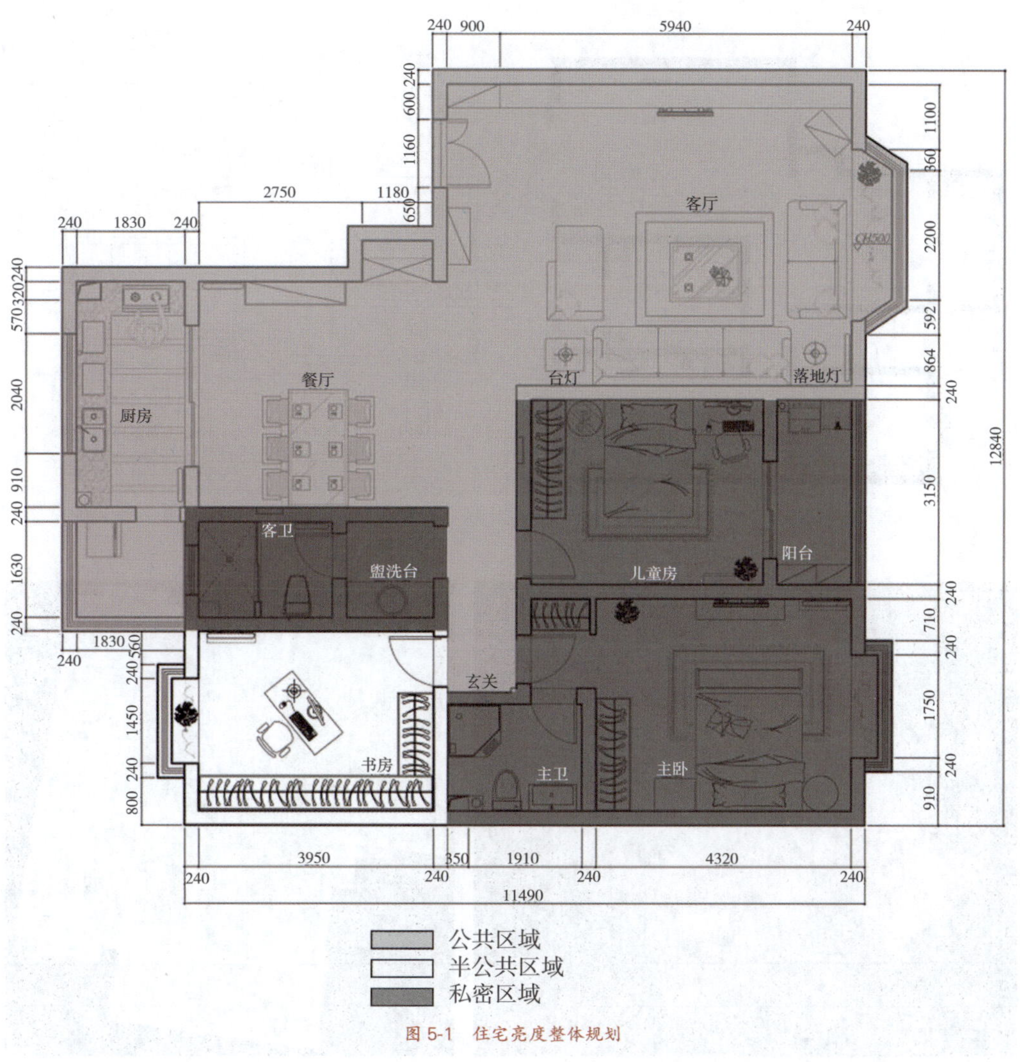

图 5-1　住宅亮度整体规划

根据亮度的整体规划及空间功能要求，分别在空间的水平面和顶面布置灯具，接着在家具的平面布置台灯、落地灯，在墙面暗藏灯槽等，再通过灯具和墙面构造组合来控制光源，让光线对水平面的各个高度进行有效照明，然后根据人的活动范围和行为特征，在顶面布置灯具，让光线分层次、分时段对顶面、墙面及地面进行照明，如图 5-2、图 5-3 所示。

该案例是住宅样板，设计定位要求较高，采用了多种照明形式，如点光源的重点照明、线光源的局部照明、面光源的整体照明等，营造空间亮度整体分布不均的场景，塑造空间的高品质氛围，如图 5-4 所示。从 DIALux 计算得出的伪色图显示：公共区域的照度较高，半公共区域次之，私密空间的照度最低，基本符合预先对空间整体亮度的规划，如图 5-5 所示。

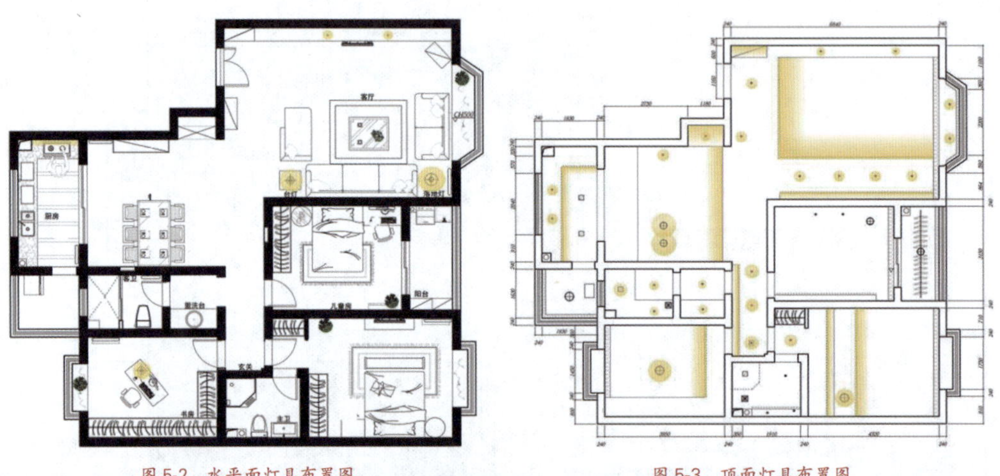

图 5-2 水平面灯具布置图　　图 5-3 顶面灯具布置图

图 5-4 住宅亮度分布鸟瞰图

图 5-5 住宅照度计算伪色图

2. 功能空间照明设计分析

(1) 客厅照明

在整个住宅中，客厅因其位置通常居于入户处，给客人的印象往往是最为深刻的，同时，客厅是家人团聚或放松的区域等，因此，客厅的照明方案应具有多样性，满足不同活动或功能的需求。地面可采用落地灯具对不同高度的水平面进行照明，并利用内嵌射灯和暗藏灯槽对墙面造型进行表现，客厅沙发区的左右两边则分别放置提供水平面照明的灯具，以方便进行阅读等功能性活动。通常在边几上布置台灯，三人沙发和双人沙发之间的夹角位置布置落地灯，如图 5-6 所示。根据光源的性质，可对其增加调光变压器，满足不同功能对照度的需求，光源的配置如表 5-2 所示。

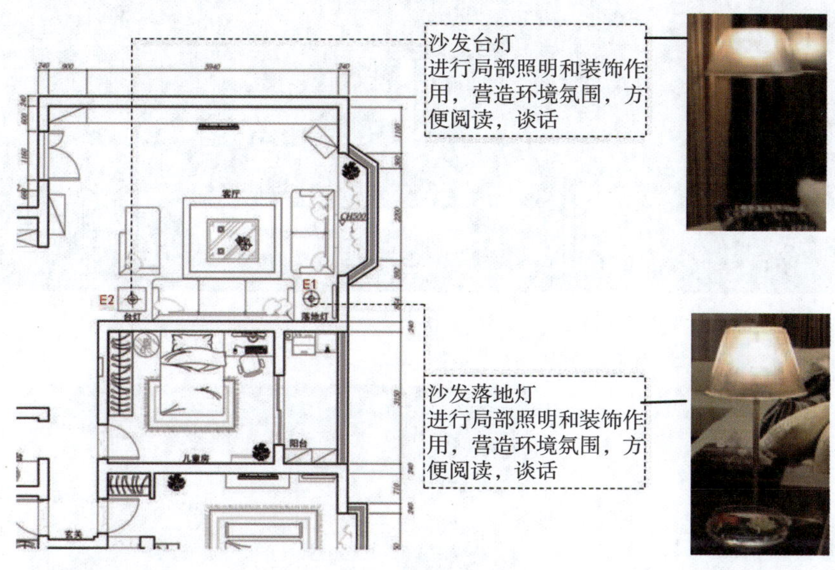

图 5-6　客厅地面照明灯位图

表 5-2　**客厅区域的灯具光源配置**

位置	光源	显示性	色温	功率	使用面积	灯具尺寸	备注
E1	白炽灯	>85	3000K	35W	5~7m^2	H=58cm D=40cm	
E2	白炽灯	>85	3000K	50W	15~20m^2	H=145cm	

为了烘托电视墙的凹凸造型，并为整体环境提供背景照明，特别是在看电视时，为降低电视屏幕与整体环境亮度的对比度，可在电视墙的两侧嵌入两盏射灯，如图 5-7、图 5-8 所示。人在沙发上看电视时，只见其光不见其光源，电视墙的凹陷部分使用的是黑镜材质，光源采用的是卤素灯杯，色温 2800K，在灯光开启时，暖黄光色与黑镜之间形成对比，表现出空间的层次感，如图 5-9 所示。本案的顶面没有安装中央空调，受限影响因素相对较少，故灯具形式最为丰富，布置位置一般依据人的活动区域和行为而定，主要对四个区域进行照明：一是飘窗位置，二是沙发位置，三是进门右手玄关位

置，四是立面展陈。其中，前三者属于水平面照明，后者则属于垂直面照明，包含对客厅沙发背景和走廊端头装饰画的照明，灯具布置如图 5-10 所示。R1 位置布置嵌入式射灯，R2 位置布置嵌入式筒灯，L1 位置用 T5 灯管做整体照明。

图 5-7 电视墙立面分析

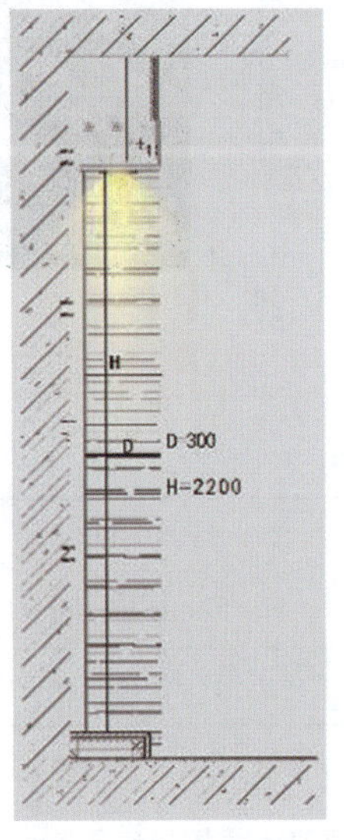

图 5-8 电视墙剖面分析

图 5-9 墙面嵌入式射灯实景照片

①R1：嵌入式射灯。嵌入式射灯采用的是卤素灯杯光源，功率 35W，色温 3200K，暖黄色光，显色指数（Ra）一般大于 85，在小区域中使用能得到较好的聚光性。相对 LED 射灯而言，它对物体的质感表现得较为逼真和生动。在本案中，嵌入式射灯的使用方式分为两种，一是建筑层高不太高时（H<3200mm），射灯离墙面有一定距离（D>500mm），光线散射到空间，对水平面进行照明，如图 5-11 所示。还可对沙发表面的亚光皮质进行照射，

以表现家具的质感，二是射灯离墙间距介于 200mm 和 500mm（200mm<D<500mm）时，可通过灯具旋转器将光源的照射方向集中到垂直面部分，如图 5-12 所示。

②R2：嵌入式筒灯。嵌入式筒灯采用的光源是紧凑型荧光灯管，发光表现较为均匀，在空间中无特定指向性。它在本案中主要是用于对走廊和入口处的环境照明，相对于卤素射灯，嵌入式筒灯的光的品质虽相对较差，但长时间使用可以节能。

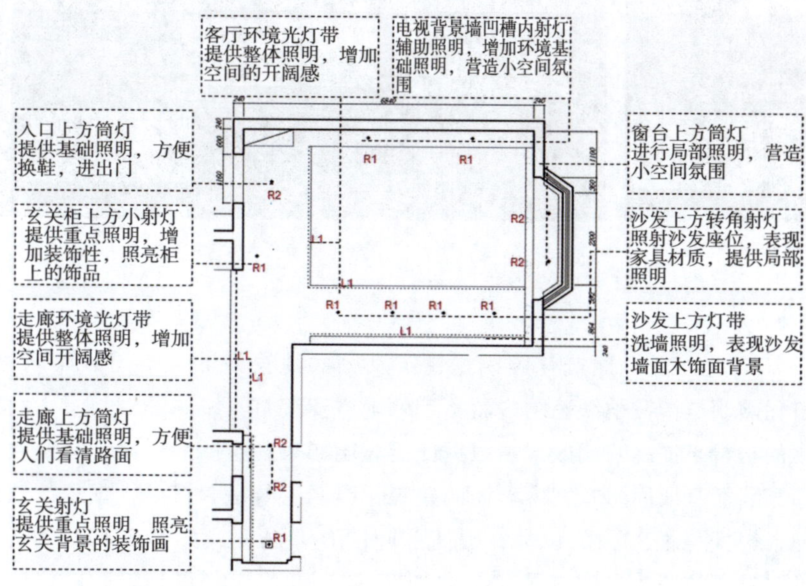

图 5-10 客厅顶面照明灯位图

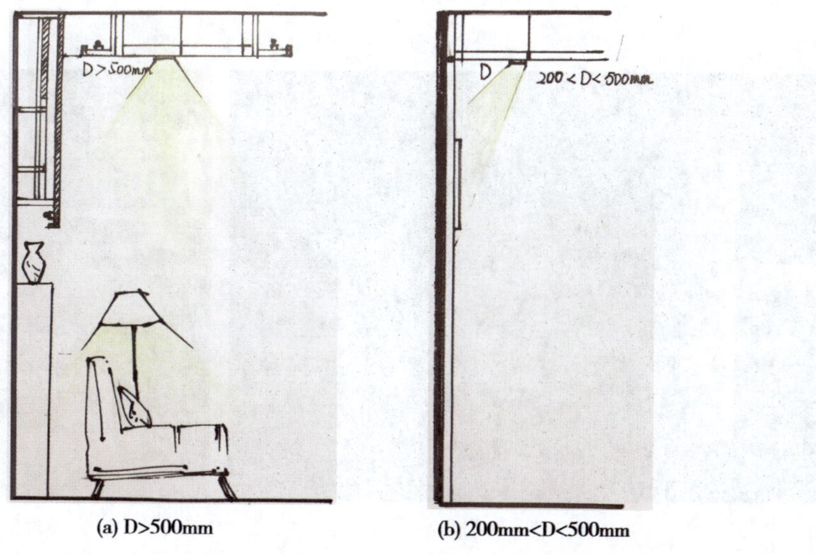

(a) D>500mm (b) 200mm<D<500mm

图 5-11 射灯距离墙面的不同尺寸

(a)对墙面进行照明

(b)对沙发进行照明

图 5-12 顶面射灯表现形体实景

③L1：T5 日光灯管。建筑化照明是住宅及公共建筑设计中常用的照明设计手段，所谓的建筑化照明是指在视线范围内看不到的地方安装灯具，并通过灯具、材质及建筑构件等元素的布置来提高照明效果。根据使用环境和表现空间的不同，建筑化照明可以应用于地面、墙面及顶面。本案中墙面的建筑化照明主要是为打破大面积的法国木纹石材的沉闷感，衬托墙面上的陈设品，提高空间的整体品质，如图 5-13、图 5-14 所示。在立面设计时需要注意的是凹进藏灯带的长度须与 T5 灯管长度相匹配，保证光源的连续性。顶面的建筑化照明通常分为两种：一种是迎面，另一种是背面，如图 5-15、图 5-16 所示。

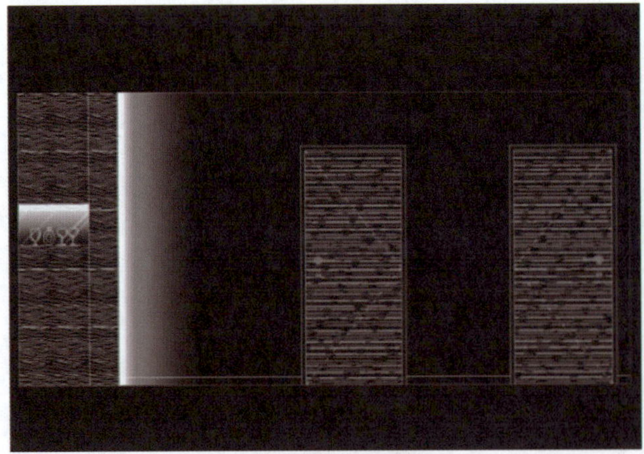
图 5-13 墙面建筑化照明

图 5-14 墙面建筑化照明实景

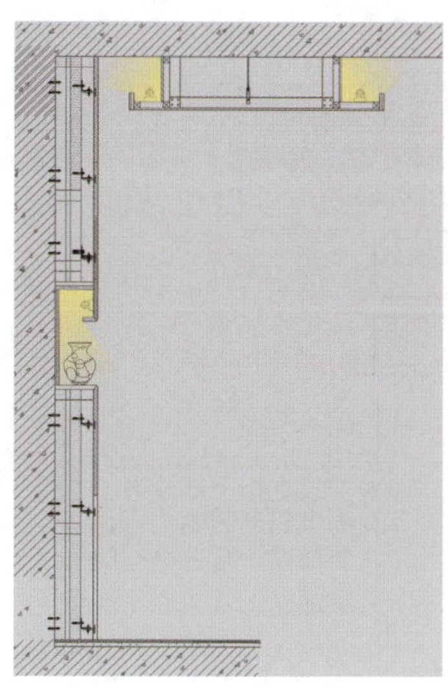

图 5-15　顶面建筑化照明

图 5-16　顶面建筑化照明实景

客厅功能较多，可通过开关或者场景记忆调光装置来改变灯具的组合及亮度，以达到满足不同空间的功能或氛围的要求，如表 5-3 所示。

表 5-3　**客厅区域的灯具光源配置**

	R1	R2	E1	E2	L1	氛围要求
看电视		—	—	—		私密昏暗
私密聊天			—	—	—	私密
会客						公共开阔
家庭活动	—	—				公共

(2) 餐厅及厨房照明

餐厅照明可侧重于三个方面：一是对餐桌上的菜品的照明，二是对餐厅整体环境的照明，三是对提升餐厅整体环境品质的饰物的照明。将餐桌上合适亮度的平面直接照明与提高氛围感的顶面间接照明组合，可以让餐桌从环境中突出，营造就餐时的愉悦气氛，在此环境中，人体消化食物所需的唾液分泌也会相应地增多。光源的色温尽量采用高色温，介于 2700~3200K 之间，与高色温相比，低色温更适合就餐时的灯光。本案中用水晶吊灯配合卤钨光源对餐桌进行照明，如图 5-17、图 5-18 和图 5-19 所示。灯具与桌面的距离设定为 800mm，就餐时光线不会影响人的视线，光源也不会直接刺激眼睛。

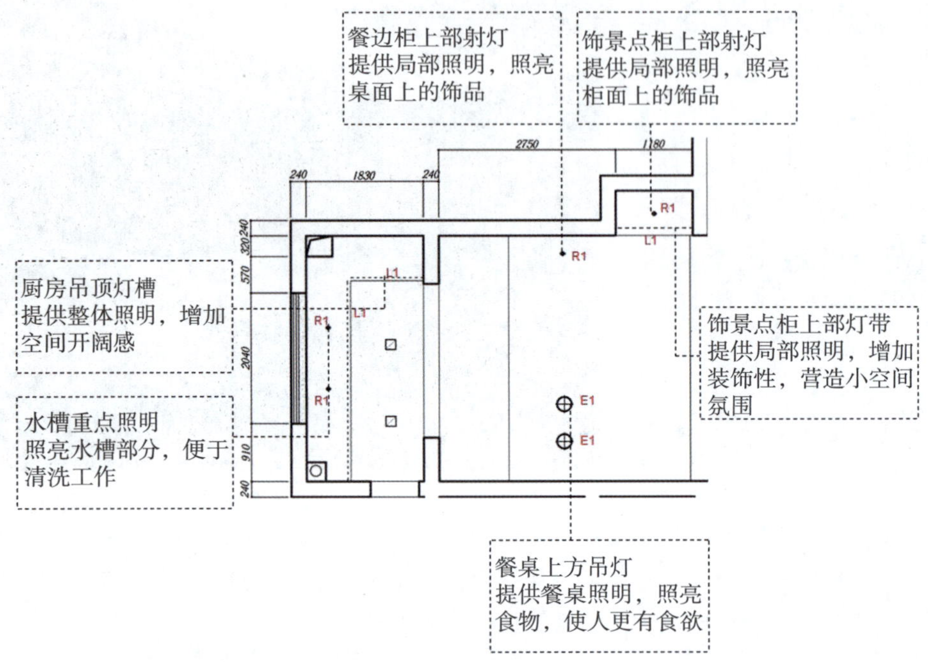

图 5-17 餐厅及厨房顶面照明灯位图

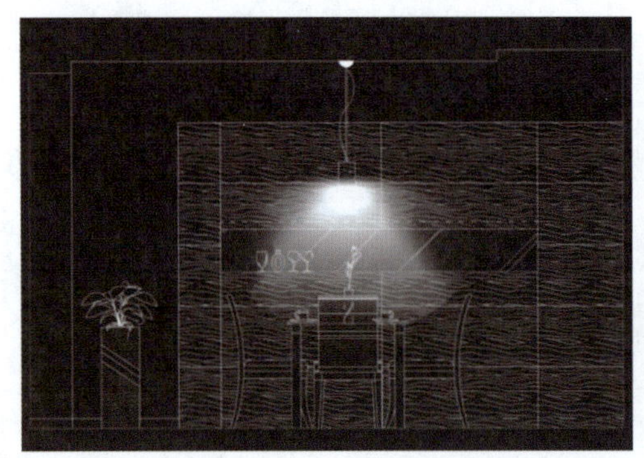

图 5-18 餐桌吊灯照明立面分析

图 5-19 餐厅照明实景照片

在厨房照明设计中，确保洗菜池等操作面得到充足的照明是至关重要的。现代厨房中的油烟机通常配置手边灯以保证足够照度(300lx 左右)，同时光源具有较高的显色性，以方便炒菜时辨别菜色。此外，洗菜槽上还会布置两盏射灯，以方便操作，如图 5-20、图 5-21 所示。餐厅布置的光源亦是如此，整体空间的灯具光源配置如表 5-4 所示。

图 5-20 厨房立面照明分析图

图 5-21 厨房照明实景照片

表 5-4 **灯具光源配置表**

	光源	显示特性	色温	功率	使用面积	灯具尺寸	备注
E1	卤钨灯	>85	3000K	5W	$5\sim7m^2$		
R1	LED	>85	4000K	10W	$5\sim7m^2$	95mm	
L1	T5 灯管	>85	3000K	4W	$3\sim5m^2$	300mm	

(3) 书房照明

书房是进行学习、工作等活动的场所，也是个体专注于自己兴趣爱好的空间，因此，任务照明应在该环境中占据主导位置。在实际生活中，我们有过这样的经验：在黑暗环境中长时间观察一个较亮物体，如关灯后使用手机的时间过长，眼睛会发胀发疼，严重影响视力，所以理想的工作环境应是在一个整体照明的环境中，采用工作面的局部照明。整体照明带有调光功能，局部照明在任务照明时打开(如台灯)，以营造放松且舒适的环境照明。任务照明可依据工作精度要求不同而调整照度，一般性阅读需 300lx 左右，设计工作需 500lx 左右，更高精度要求的工作可达 750lx。

在本案中，提供整体照明的灯具为 L1 和 E1，而任务照明则是由桌面上的台灯 P1 来完成。L1 提供整体照明的同时，也营造了空间的氛围，增强了视觉开阔感。E1 位于书桌上方，不会影响人在书房中的活动，如图 5-22 至图 5-25 所示。

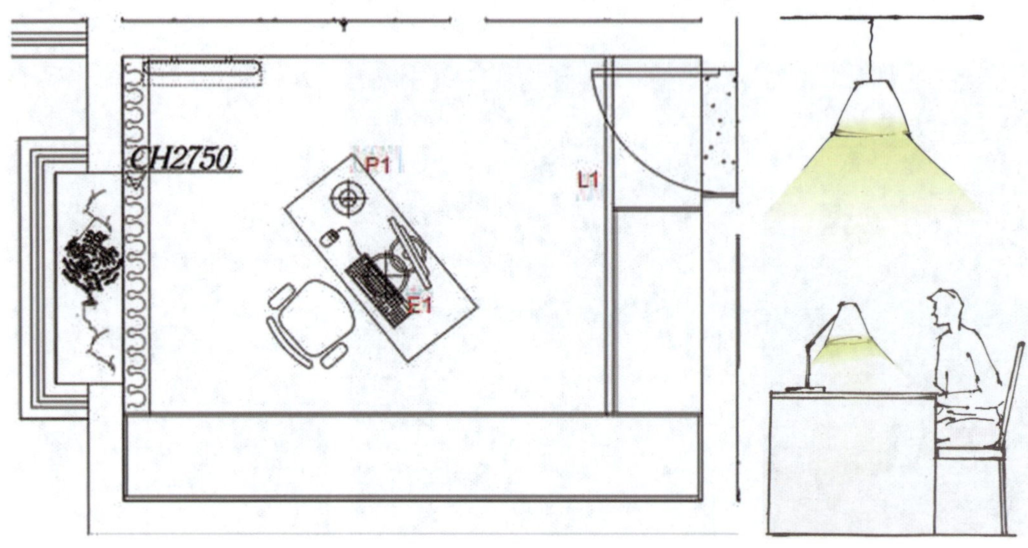

图 5-22 书房照明灯位

图 5-23 书房照明效果立面分析

图 5-24 书桌上方照明

图 5-25 书房顶面照明

(4) 卫生间照明

为了避免不同功能区域的相互影响，现代卫生间多应用干湿分离设计，即将盥洗台从卫生间中分离出来，作独立分区处理。盥洗间的照明主要有三处：一是墙面的建筑化照明 L1，可以减轻夜间视觉受灯光刺激的影响程度，二是灯具 R1，可以照亮洗面盆，三是在 L1 和 R1 关闭时，灯具 R2 能够提供整体照明，方便人们进入内卫，如图 5-26 所示。

内卫 R1 布置在马桶的正上方，方便人们检查排泄物以了解自己的健康状态，因此对光源的显色性要求较高。灯具 R4 为淋浴提供基础照明，需要安装防雾罩面，防止雾气影响光源寿命。立面的照明设计分析如图 5-27 所示，实景效果如图 5-28 所示。

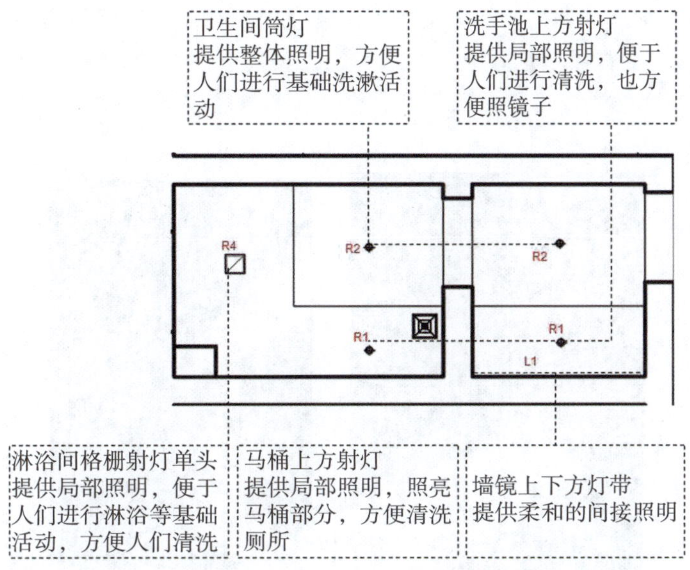

图 5-26　卫生间顶面照明灯位图

图 5-27　卫生间立面设计灯位图

(5) 卧室的照明

卧室是让人休息放松、养精蓄锐的场所，是最具隐私性的空间。人们每天大约有1/3的时间要在卧室中度过，卧室的设计不仅要提供宁静、舒适的睡眠环境，而且它是人们进行个体情感交流、表达私密情感的地方。相关研究表明，诱导睡眠与一种叫作“褪黑素”的激素相关，在高照明白色光照射下会抑制其分泌，而低照度暖色温会促进其分泌。卧室灯具配置如图 5-29 所示。R2 布置节能筒灯，方便人在衣柜前取衣，L1 则采用暖色 T5 灯带，加装可调光镇流器，能保证低色温低照明，以促进睡眠。R3 布置的水晶吊灯则主要从住宅样板展示效果角度来考虑，其装饰性占主导地位。卧室立面如图 5-30 所示，照明设计整体较简洁，既考虑功能性，又兼顾装饰效果，实景如图 5-31 所示。

(a) 外盥洗间　　(b) 内卫

图 5-28　卫生间照明实景

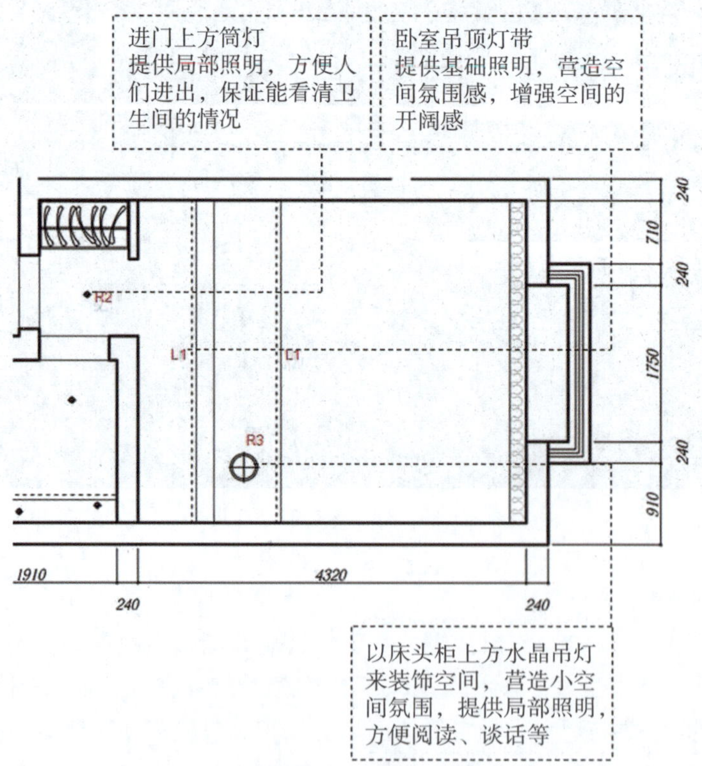

图 5-29　卧室顶面照明灯位图

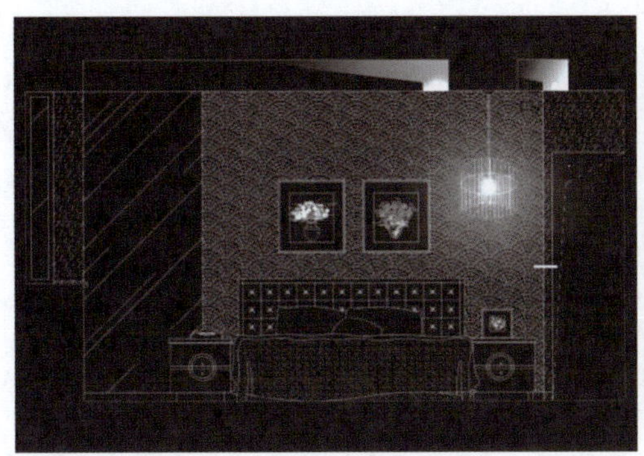

图 5-30　卧室床凭立面照明分析

图 5-31　卧室照明实景照片

5.3　案例解析：餐厅样板方案

5.3.1　餐厅照明设计概述

餐厅是人们经常出入的场所，其中既有开放式的散座，有私密性相对较好的包厢，又包含辅助空间，如楼梯间、过道等。不同餐厅的风格需要不同的材质表现效果。在本案中使用的材质主要包括泰柚木饰面、树瘤板，镜面、高密度板雕花木饰，硬包布、壁纸等，然而，空间整体色调偏暗红色，不够明亮。

本案为一个三层的中式酒楼设计，由于篇幅所限，选取三层中的两个包厢及楼梯间作为本次照明设计的分析内容，平面图如图 5-32 所示。每个包厢中含有四个区域，分别是会客区、就餐区、备餐间及卫生间，其中，备餐间为中包厢和大包厢所共用。

本案照明设计多从顶面考虑，针对不同空间功能采用分区照明，在考虑功能性灯具布局的同时，多采用建筑化照明技术，营造私密高档的就餐环境氛围，并力求餐厅室内风格与室内整体风格保持一致。顶面布置的灯具及其功能如图 5-33 所示。

5.3.2　功能分区照明设计

1. 中包厢

该空间层高较高，顶面内藏有管线和设备。为尽量利用空间，该方案在餐桌上方设计一个锥形顶面，其圆锥底面直径比餐桌大 2m，内侧用树瘤板作装饰面，室内空间色调偏深，显得沉稳大气。照明设计应从设计分散灯光入手，通过营造明暗分明的区域，让亮区主要集中在就餐区，如图 5-34 所示。餐桌上方的照明方案需要解决两个问题：一是为了保证客人辨别菜品的品质和就餐时的愉悦氛围，如何将餐桌桌面照亮？二是如何表现顶面侧壁树瘤板的装饰效果？

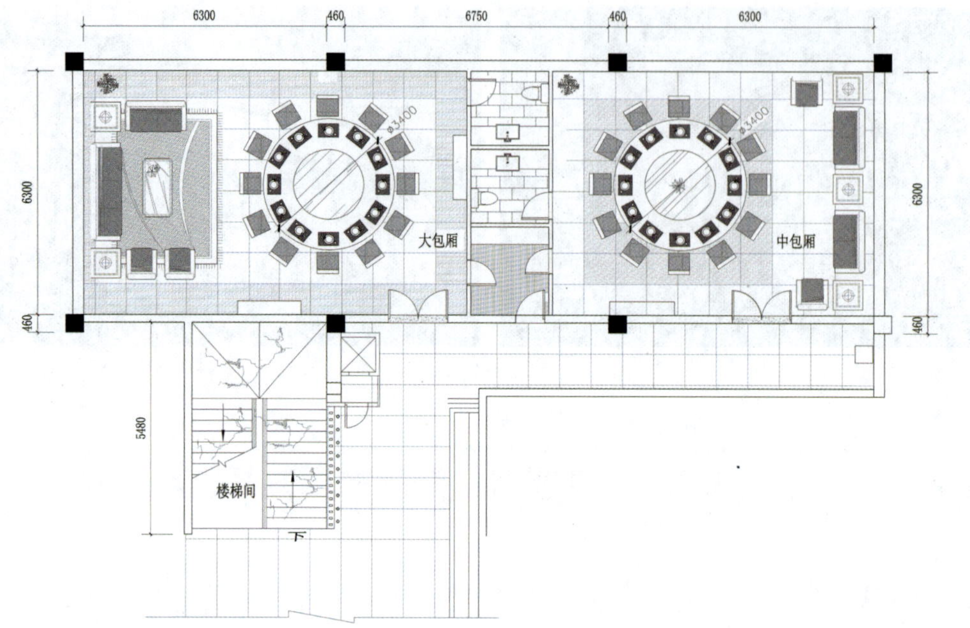

图 5-32 餐厅平面布置图

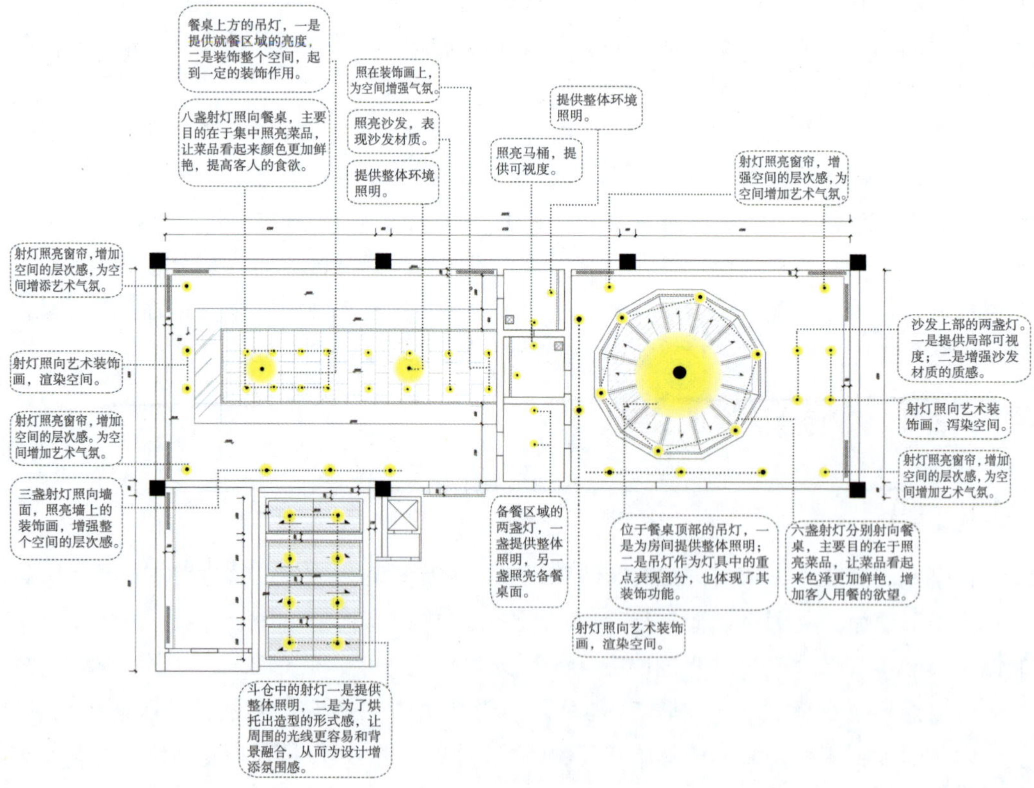

图 5-33 餐厅顶面灯具布置图

关于如何照亮餐桌桌面，前文在住宅餐厅设计中已有所涉及。在本案中，考虑到吊顶的高度，选择了一款多灯头白色的吊灯 C1 作为整体照明，位置如图 5-35 所示，效果如图 5-36 所示。吊灯的吊线应保证足够的长度，能够照亮侧面的树瘤板，同时，灯具下边缘不超过顶面高度，以紧凑型节能灯泡光源外罩乳白色磨砂玻璃，既实现了充足的照明，又避免了光源直接暴露，很好地烘托了就餐气氛。灯具在木色较重的空间中显得较为轻盈，活跃了空间氛围。

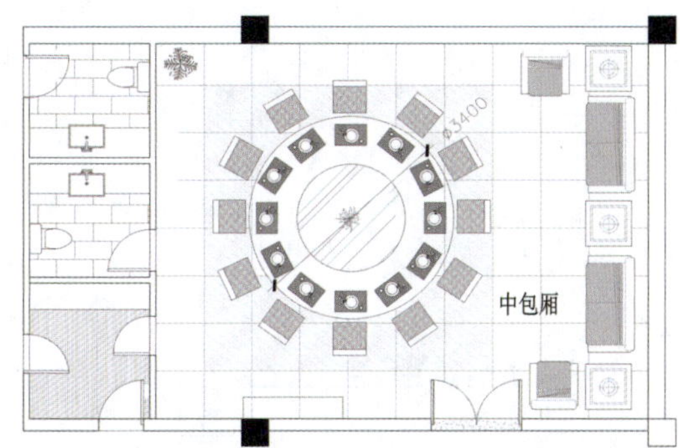

图 5-34　中包厢平面布置图

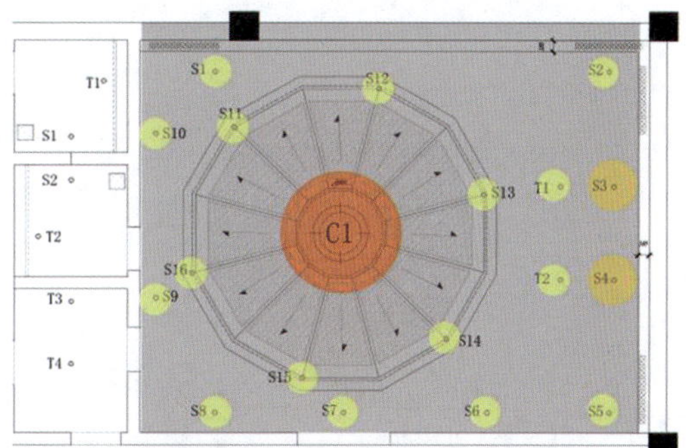

图 5-35　中包厢顶面灯具布置图

图 5-36　中包厢室内效果实景图

要想表现桌面上菜品的品质，可以采用下投式射灯，并将射灯安装在锥形侧面下端，让光线斜投到桌面上，但需要注意两个细节：一是投光集中在餐桌边缘部分，即中心转盘以外区域，保证菜肴入口前客人能辨别菜品细节；二是投光方向，在顾客水平抬头、夹菜或交谈时，应看不到光源以避免眩光，为此，可在斜顶挖出凹槽，沿圆边等距放置 6 盏 50W 卤素射灯 S1，其结构如图 5-37 所示。

在色温的选用上，以高色温的白光为主，避免与空间暖色调接近，让人产生烦躁感。为保证圆锥形吊顶侧面与下边缘的收口，在下沿处分段安装 T5 灯管，以确保光源的连续性。选用长度为 1120mm 的支架，对侧边的树瘤板进行照明。高光的木面油漆反射强烈，可能会导致光源映射并引起眩光，宜采用亚光木饰面，同时，利用侧边挡板的高度来防止光源直射入眼，从而提升空间的照明舒适度。其结构如图 5-38 所示。

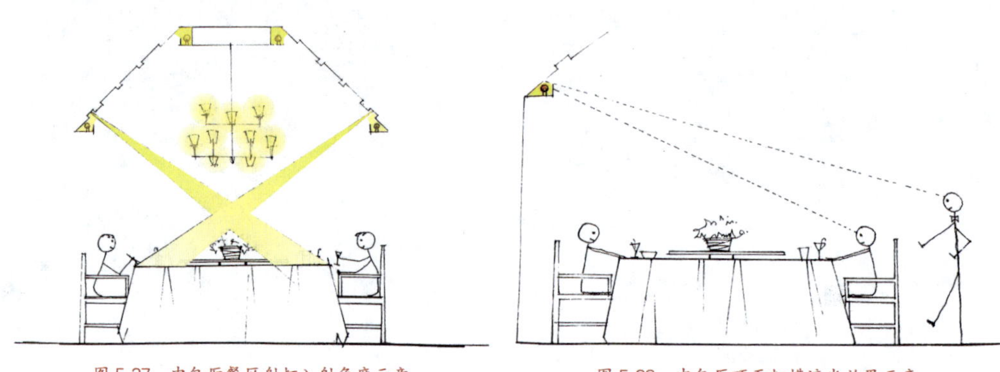

图 5-37 中包厢餐区射灯入射角度示意　　图 5-38 中包厢顶面灯槽遮光效果示意

2. 大包厢

大包厢的整体尺寸为 5000mm×12000mm，属于长方形空间。在功能布局上，其入口处布置会客区，内部布置可容纳 20 人同时就餐的大型餐桌，如图 5-39 所示。本案采用通长的连续吊顶，将会客区和就餐区在视觉上连接起来，在顶面 C1 和 C2 处布置两盏吊灯，以提供环境照明，如图 5-40 所示。

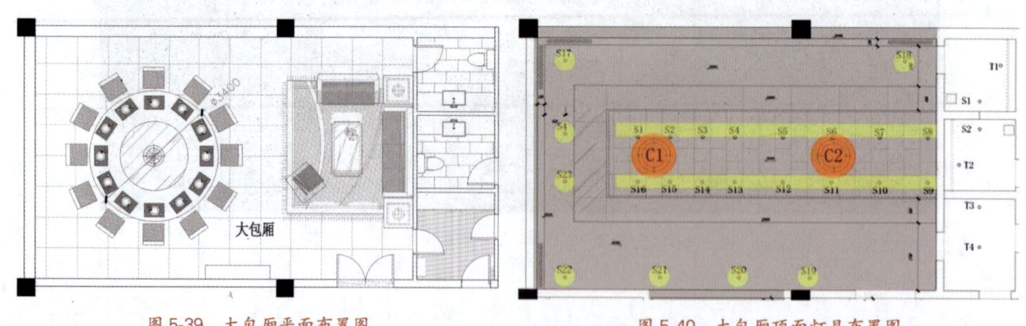

图 5-39 大包厢平面布置图　　图 5-40 大包厢顶面灯具布置图

定制餐桌上方的吊灯时，需要注意的是其形式应与室内整体风格搭配，选用黑色底盘固定在顶面红色软包上，在吊顶内需加木板层以便于将底盘紧固于吊顶上，灯具内层用淡黄色折景布、外层用水晶珠装饰，如图 5-41 所示。其尺寸也需与室内空间相适应，为 D800×H750，由于采用的内透式照明，灯具整体亮度不高，内藏 8 个 E14 节能灯。

顶面上间隔布置的内嵌式射灯让空间显得更加宽敞明亮，除了提供整体照明，还可通过调整角度，将光线集中投射在餐桌区域，从而保证菜品的高显色性，其结构如图 5-42所示。

图 5-41　餐厅上方的吊灯

图 5-42　大包厢顶面灯具布置图

嵌入式射灯的功率配置为单盏 50W，除顶面层高较高(3300mm)外，空间整体色调过重也是影响光线分布的重要因素之一。为保证光线集中，采用深罩型射灯来照射墙面上的挂画，如图 5-43、图 5-44 所示。

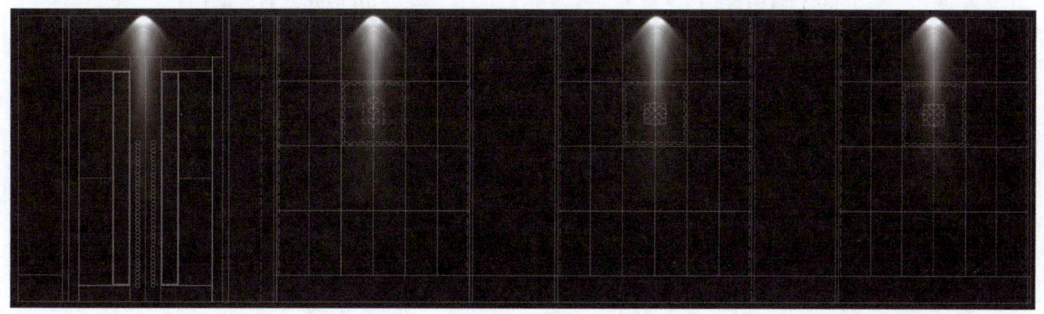

图 5-43　大包厢墙面照明效果示意图

大包厢中营造氛围的顶面建筑化照明与其他类似空间的细节处理有所不同，由于光源靠近镜面，处理不当就有可能将光源反射出来而导致眩光，因此，在进行照明设计时，镜面吊顶下方一定不能设置 T5 支架，需要离开一定距离，用反射率较低的材料来替代部分镜面吊顶，或利用透光率不高的材料来遮蔽光源，如软膜、磨砂玻璃、透光云石等，如图 5-45 所示。但在实际布置时需要考虑两个问题：一是光源的替换和检修，二是光源距离透光材料的距离不能过近，以免造成曝光或映出光源。

图 5-44 大包厢室内效果实景图

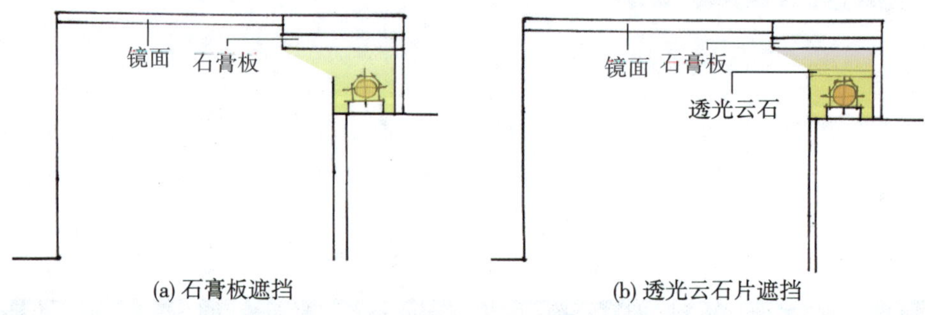

图 5-45 大包厢顶面建筑化照明细部

3. 楼梯间

本案的楼梯间的平面布局如图 5-46 所示，顶面布置如图 5-47 所示。

对于顶棚很高的空间，如酒店大堂，楼梯共享空间，除了在顶面布置灯具，还可以有效地利用立面。相较大堂而言，楼梯间在平面上显得更加狭长，因此，对于墙面的利用显得尤为重要。

一般而言，顶面多采用筒灯和射灯进行照明。但如果从高处照明，筒灯和射灯因其照射距离的限制而往往不能满足空间对照度的要求，在实际使用时，我们会发现顶面安装了大量的射灯，但地面仍然不够亮。本案从三个方面来提高地面照度：一是在顶面安装 PAR 灯，其适于作为 48m 以上的高顶棚的基础照明；二是在楼梯立面采用大面积喷花镜面，既避免了使用大面积图案而导致的单调乏味之感，又能反射顶部光线，提升了空间整体亮度；三是在楼梯立面的木饰面上安装壁灯，如图 5-48 所示。

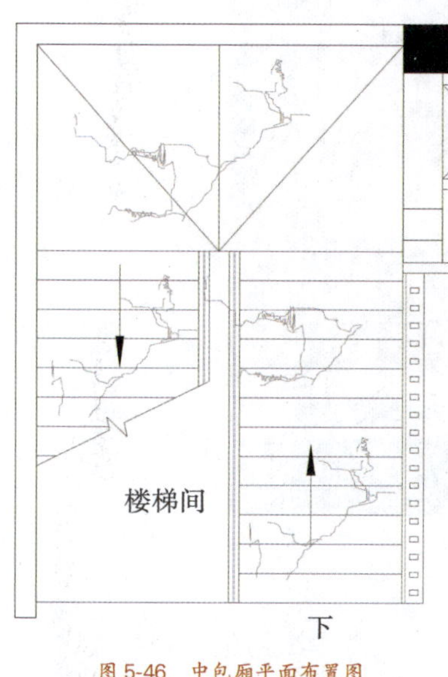

图 5-46　中包厢平面布置图

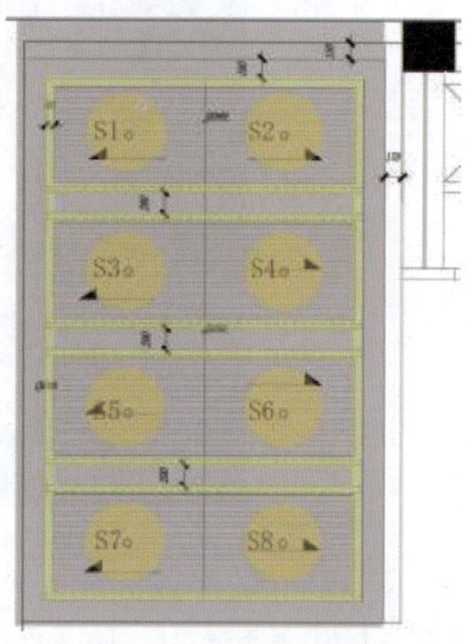

图 5-47　中包厢顶面灯具布置图

在顶面下部的空间照明问题解决后，顶面的照明也应该引起设计者的关注。在方案设计阶段，为顺应建筑结构，将楼梯的顶面设计为一个“斗仓”的造型，寓意着丰收，对于此形体的边缘部分的照明，设计师使用 T5 灯管并以一定间距来布置，让整个形体被灯光烘托出来“剪影”效果。而对于形体中心部分的表现，则通过布置在立面上沿的转角射灯来实现，如图 5-49 和图 5-50 所示。

图 5-48　楼梯间灯位示意图

图 5-49　楼梯间顶面照明设计立面示

图 5-50 楼梯间效果实景图

斜向调节灯具和采用窄光束的光源等措施使得受光木饰面被均匀照亮，当室内设计与照明设计由不同的人负责时，对于深色调的空间，特别是对于内装材料的选用，双方都必须达成共识，以确保设计意图的准确实现。

本章重点

1. 简述景观照明的方法及程序。
2. 举例说明店铺橱窗的不同照明方式。
3. 列举景观小品中亭阁的照明方式。
4. 根据书中的案例，总结就餐空间的照明设计要点。

第6章　课程设计作业及解析

6.1　课程设计作业(一)

本课程选题为北方一处实体院落，旨在将照明设计与建筑、景观和室内等各个领域结合起来，通过课程设计实践，锻炼学生对相关知识的全面理解和掌握能力，要求学生用丰富的想象力创造出具有情感共鸣的空间，同时理性地处理设计中的秩序与逻辑。

6.1.1　教学目的

第一，讲授照明设计基础知识。

第二，通过实地调研，分析课程设计中的照明设计应用和灯具类型。

第三，融合相关跨学科知识，把握建筑、景观及室内设计与照明设计的关系，了解照明设计方法和流程，并在方案中合理且恰如其分地运用，以充分表现设计意图。

6.1.2　项目基地

近些年，随着城市化进程加快，房地产业发展迅猛，由于城市生活的便利性，大量的农村人口倾向于到城市就业和学习，城市边缘的农村住宅“空置”现象严重。

本课程设计的项目选址位于山东菏泽市区边缘沙沃村，该村离市区较近，村民大多在市里就业，在市里买房，原居所普遍闲置。由于该村距离市里车程十分钟，且交通便利，是一片难得的闹中取静之地，许多商家在此地租地或买地，打造商业消费场所，以满足城市人群对乡土环境的怀念之情与对回归自然的渴望。该项目基地由一座两层的建筑和两座一层的建筑组成，建筑间围合一个小院落，本次选取一层作为本次课程设计对象，二层作为储物空间，暂不纳入设计工作范围。总平面图如图 6-1 所示。

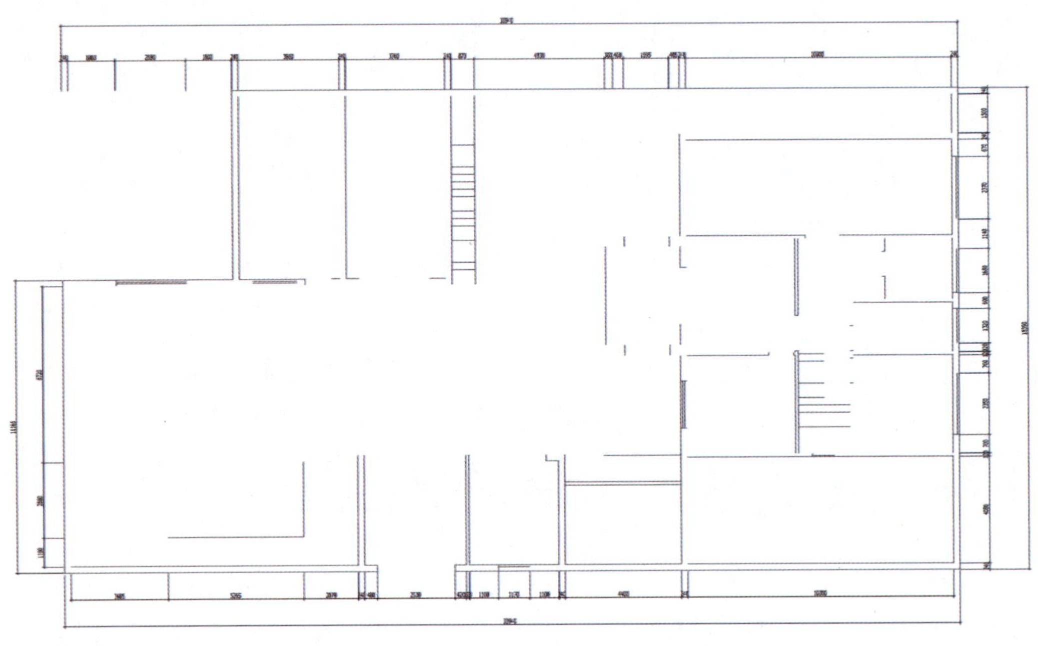

图 6-1　原始平面图

6.1.3　设计内容

①基地平面及面积。

②建筑总面积，包含一层和二层空间。包括工作区、餐饮区、休闲区三个部分，并处理室内外环境过渡。具体功能区包括门厅、收银、散座、包厢、院落休闲、储藏等区域。就其面积而言，门厅>$10m^2$，散座区>$60m^2$，工作区>$10m^2$，储藏>$60m^2$，院落景观>$30m^2$，厨房>$60m^2$。

③除此之外，其他空间视各自情况来灵活布置并择处进行详细的节点照明设计，如接待、展示、室内外小品及观景点，还有用餐空间以及交通空间。

④照明设计应融入建筑的内外环境。

⑤室内设计除功能流线外，应考虑照明设计对人的心理等方面产生的影响。

⑥设计者可自行选择一处以上具有代表性的空间进行详细的照明设计，完成足够清晰的表达图纸。

6.1.4　成果要求

1. 图纸形式及规格

A2 版面，采用电子版，分辨率不低于 350Di，版面不少于 6 张。

2. 图纸内容

①建筑总平面图比例自定义。

②亮度分布规划图。

③灯具配置图。

④建筑、室内立面图(不小于 8 张)。比例大于 1∶50。

⑤建筑室内剖面图(不小于 8 张)。比例大于 1∶40。

⑥节点详图。

⑦空间照明设计效果表现透视图 4 张。

6.1.5　设计阶段成果

1. 第一周：搜集资料及现场调研

(1)资料搜集

餐厅照明设计照度要求参照国内标准《建筑照明设计标准》(GB/T 50034—2024)

参考文献包括《照明艺术与公共空间》(中国建筑工业出版社)，《照明设计终极指南》(华中科技大学出版社)，《建筑与景观照明设计》(中国水利水电出版社)，《照明设计》杂志，《照明设计》(江苏人民出版社)。

(2)现场调研

此次设计小组的实地调研任务包含两项核心内容：其一，初步感知建筑本身及其周边环境，了解建筑内部室内空间及院落结构特征。其二，与业主进行交流，形成对餐厅设计内容及表现主题的初步了解，进而分析照明设计手法。现场调研有助于我们实地了解建筑相关情况，从而更好地解决后期可能遇到的诸多问题，如前期功能定位不准、动线及分区不清晰、后期建模问题与现场不符合等。如图 6-2 所示是调研小组正在考察。

图 6-2 调研小组考察组图

2. 第二周：建筑平面功能布局及规划

原院落是作为民宅来使用的，虽不是典型四合院民居，但仍体现了传统民居的围合特征。本课题要将居住功能转化为商业餐饮功能，为此，设计小组从两个方面来对空间进行规划：一是将原有围合的私密空间转化为具有开放性质的公共空间；二是在原有空间中引入水元素，以营造空间的人文氛围，如图 6-3 所示。

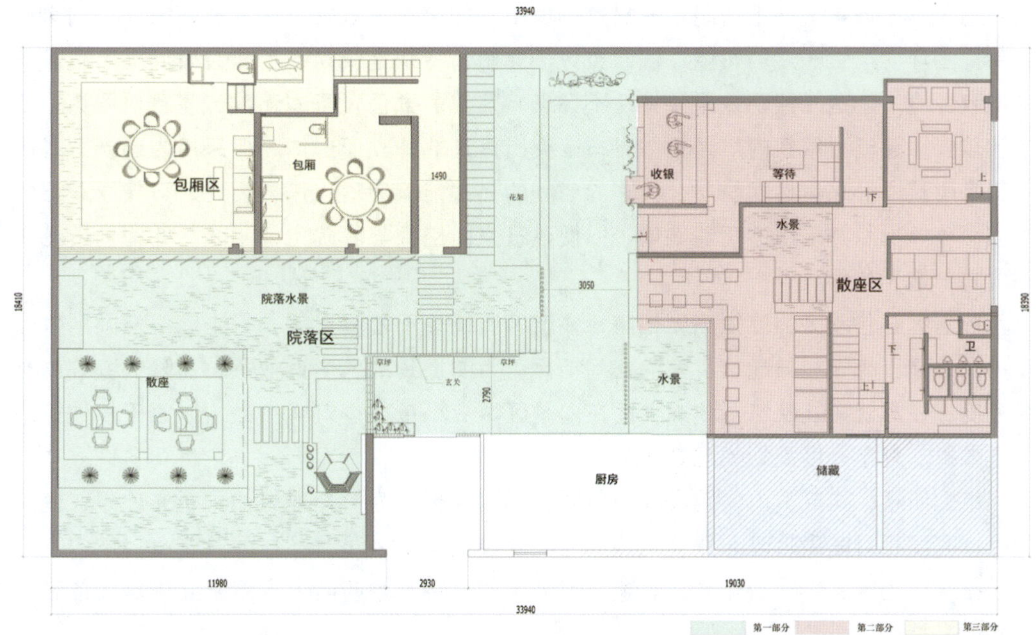

图 6-3　建筑平面分区图

平面图将空间划分为三个设计部分(如图 4-3 所示)：第一部分为庭院区，包括水景、过道及院落餐区；第二部分为散座区，包括收银台、散座餐区、水景、过道及卫生间；第三部分为包厢区，包括过道、餐区及卫生间。

平面及空间规划奠定了照明设计的结构基础，其目的是为灯具设置创造良好的室内构造环境。就本课题而言，原建筑包厢区域的入口对着大门，私密性相对较差。改造后将该区域动线从侧边通行，让来客通过公共过道分别进入两个包厢。对散座区域做较大调整，为了增加空间使用率，将入口偏置，并借助水景依次设置收银、等待及散座区域，增加空间的曲折变化。院落原入口居中心部位，空间私密性较差，改造后的院落通过墙体的围合改变空间的动线和视角，形成移步换景、藏而不露的效果。

3. 第三周：建筑内外空间亮度规划、灯具布置与配置及照明照度计算与表达

在进行照明设计前，要对建筑空间的整体亮度进行规划，以确保灯具布置的合理性。照明规划以先整体后局部为原则，即先从基地建筑及院落整体来考虑，再对每个区域进行照明设计，最后依据设计内容，对各个功能空间进行灯具布置，用 DIALux 软件计算出空间照度分布，并根据结果对方案进行调整或深化。

(1) 院落整体空间照明方式及亮度设计

基地整体构成了一个围合空间，在规划院落整体亮度的同时，也要考虑庭院与各区

域建筑亮度的相互关系。通常，建筑照明方式主要有三种：投光照明、轮廓照明及内透光照明。由于该基地处于道路边的村落环境中，如果对建筑主体采用轮廓照明，则势必会对周围环境产生一定的影响，使建筑过于突出，特别是夜晚，可能会破坏周围寂静安详的夜环境。内透光照明效果独特，不会影响建筑的立面，基本无眩光，且对周边环境干涉较少，还能利用室内灯光整体分布来突出建筑的外立面形体。但采用内透光方式的前提是建筑立面采用透明材质，使室内空间的光线能够渗透出来，为此，可将原建筑的外立面墙体拆除并采用透明清玻璃，以便建筑室内空间与庭院空间融合，并为内透光照明方式创造了条件。

散座区与包厢区的整体亮度相当，亮度区域侧重于就餐空间，行走动线空间则依赖反射光，属于暗区。与建筑及室内空间相比，为制造建筑的内透效果，需降低庭院的整体亮度。在靠近建筑及包括建筑立面在内的区域应尽量减少灯具布置，以免干扰建筑的内透效果。院落亮度规划如图 6-4 所示。

综上所述，建筑室内的散座区与包厢区亮度相当，为衬托建筑的内透光效果，庭院的整体亮度相对室内较暗，建筑的外立面亮度最低，不会过分凸显建筑本身。室内及庭院的亮度区主要集中在功能区，通道及附属区域无特殊照明时，亮度主要依靠功能区的反射光来提供。

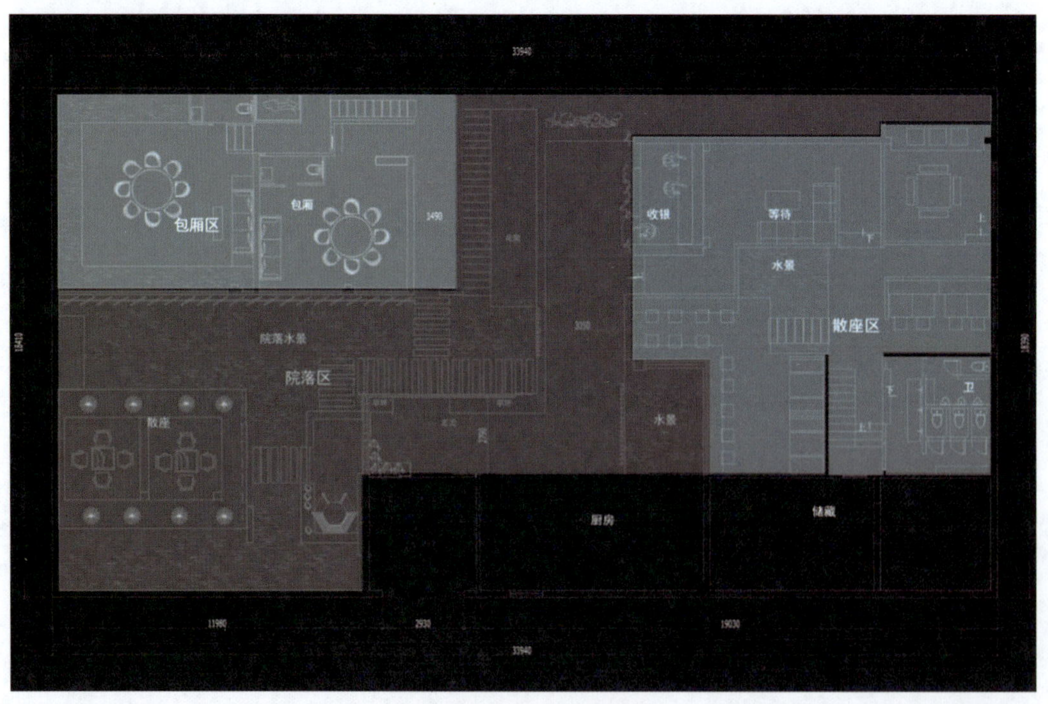

图 6-4 院落建筑整体亮度规划

（2）庭院区亮度规划及照明设计分析

庭院区既是院落的公共区，又是外部空间和建筑室内空间的过渡区。因此，在庭院区平面设计中，既要考虑人从室内空间观察庭院的视角，又要考虑人从庭院观察室内空间的视角。这两方面决定了照明设计的亮度分布，依据功能进行空间划分，包含三个区域：入口处、散座区及庭院水景区。从入口进入院落处设置玄关墙，可避免空间过于一览无余，增加了层次感；往左通往庭院的散座区，折弯往右则为室内散座区，再向前往左，踏过浅水中青石板可分别通入建筑包厢区及庭院散座区。动线如图 6-5 所示。

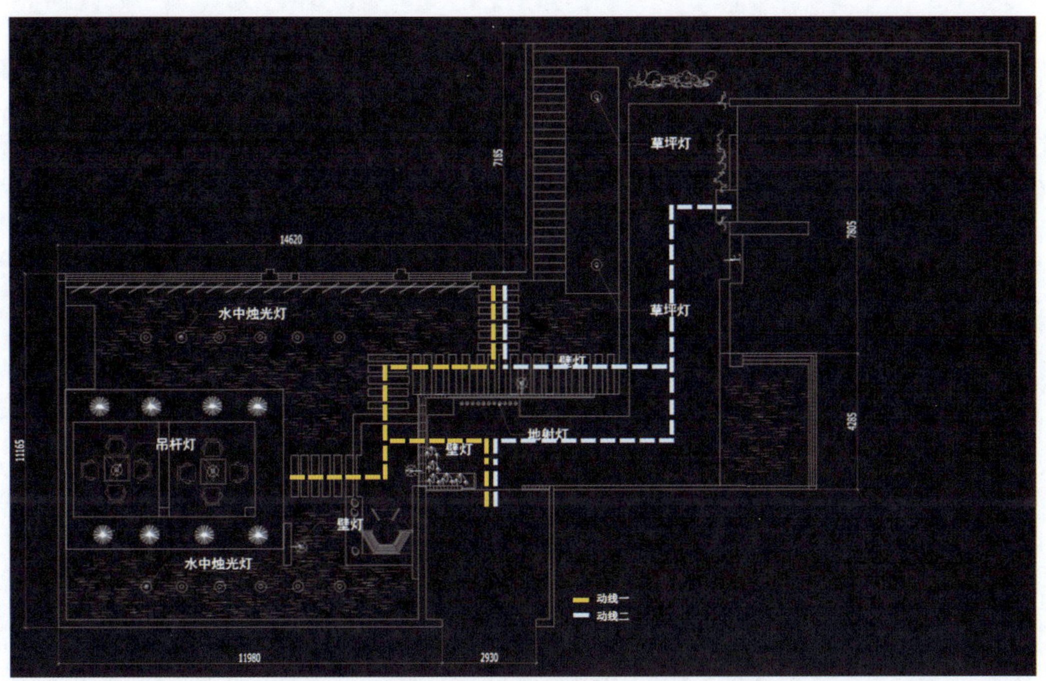

图 6-5　建筑院落动线规划图

为保证建筑的内透效果，总体设计原则是确保室内的整体亮度水平要高于庭院。当人们选择从散座区观察包厢区时，其视角如图 6-6 所示的阴影部分。视线可穿过水景观察包厢区，因此需要降低水景的整体亮度来衬托室内亮度，同时又要让顾客感受水的存在及其带来的宁静感。

散座区为客人室外就餐区域，而其他区域则属于配属区域，对亮度要求不高，平均照度值最低只需 50lx 左右，能够在夜间满足客人通行要求的最低照度即可。根据建筑照明设计标准，中餐区的平均照度不应低于 150lx 左右。基于以上功能要求，对于院落区的亮度分布设计如下：首先，院落散座餐区为最亮部分，且餐区亮度部分主要集中于桌面菜品区域；其次，通行动线区域为次级亮度区域，以满足客人的识别需求；最后，水景区域则为亮度最弱的区域，离建筑区域较近的区域不设照明，只依靠反射光照明。这样的三级亮度设计既能满足功能要求，又能丰富视觉层次。具体的灯具部位如图 6-7 所示。

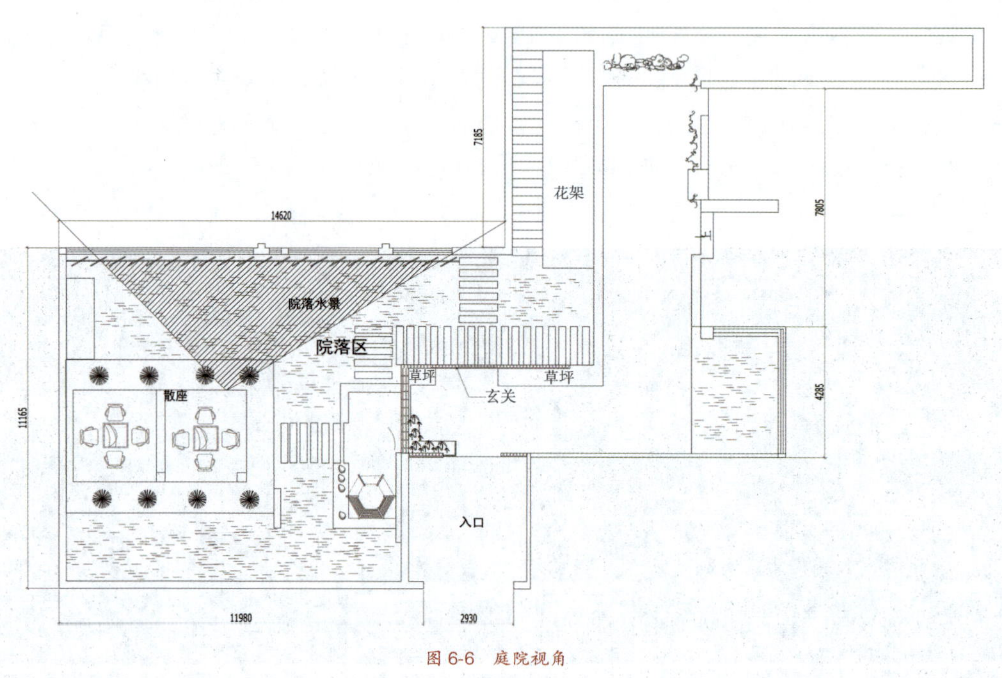

图 6-6　庭院视角

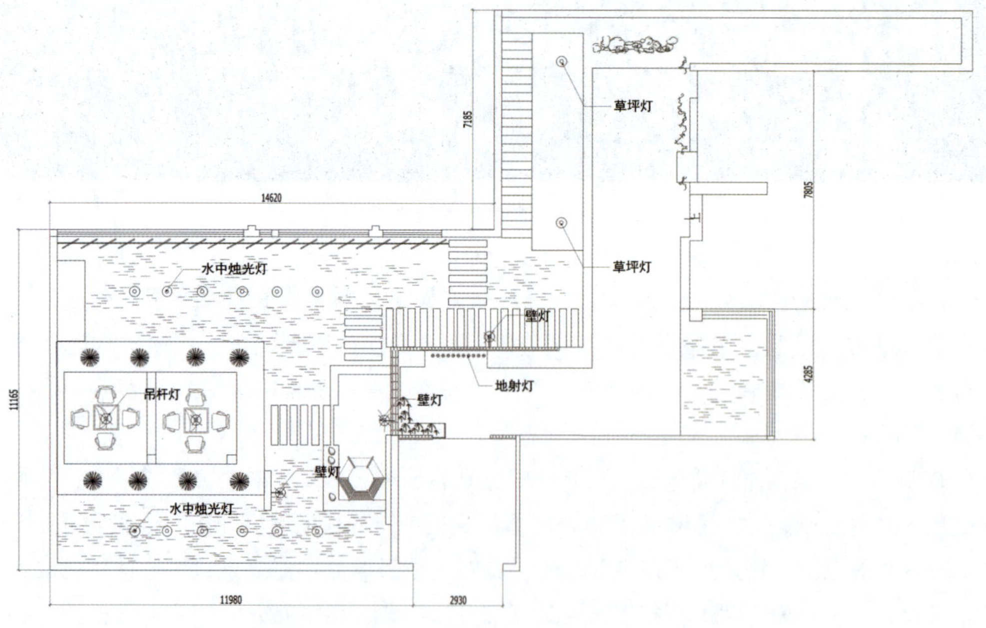

图 6-7　建筑院落灯具布置图

在入口处玄关用地射灯，并斜向上照射，以凸显入口处的主题墙面。因其亮度主要集中于墙面部分，灯具应选用窄光束，使亮度区集中于墙面，减少光线散射现象。在离建筑较近的草坪和水景区域放置亮度较低的烛光灯及被灌木所覆盖的草坪灯，目的是降低建筑周边整体光环境亮度，营造建筑的内透光照明效果。通往散座区域的过道则主要采用加遮光罩的可调光壁灯照明，保证通行路线的可识别性。院落餐区照明则依靠桌面上方的射灯，营造出休闲愉悦的轻松氛围，如图 6-8 所示。布置灯具后的院落照度分布图如图 6-9 所示。

图 6-8　建筑院落餐区效果示意图

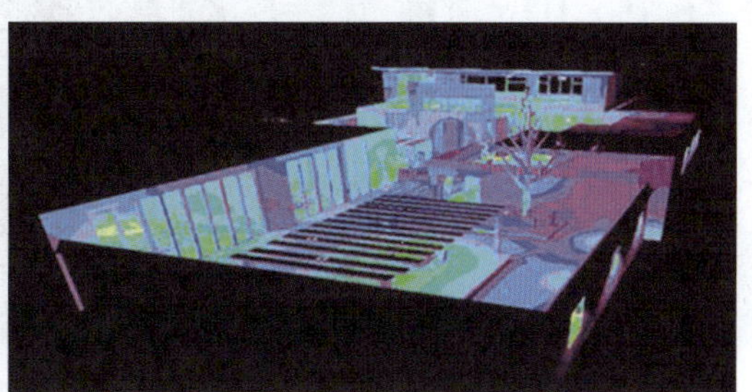

图 6-9　建筑院落照度分布图

(3) 包厢区亮度规划及照明设计分析

包厢区原建筑平面区域的特点是其入口对着庭院，以致空间缺少私密性。建筑单间的进深相对开间的尺寸要大，如图 6-10 所示。改造后的区域则利用建筑进深较深的特点，将包厢门改造到室内，通行区域也相应由室外移至室内，从而将包厢区与庭院区通过庭院水景分离，创造出一种视觉效果上的距离感。在两个包厢区居中布置用餐区，临水部分做通透处理，如图 6-11 所示。同时，室内动线也因此变得生动有趣，呈现出“曲径通幽”的效果。顾客通过 15m 宽的公共通道，分别进入两个房间，这样在空间处理上亦呈现“先抑后扬”的手法，如图 6-12 所示。

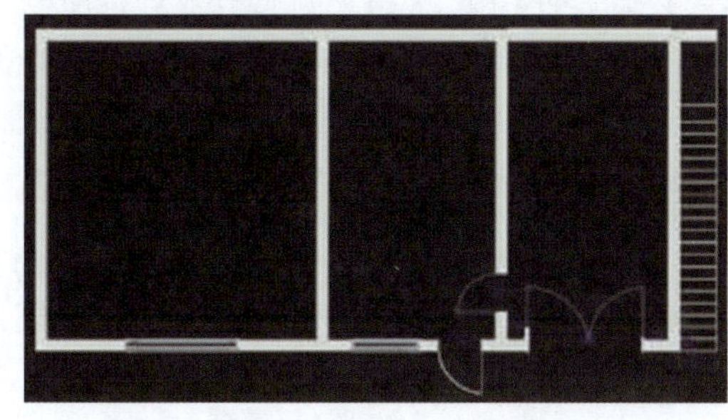

图 6-10　包厢区原始平面图

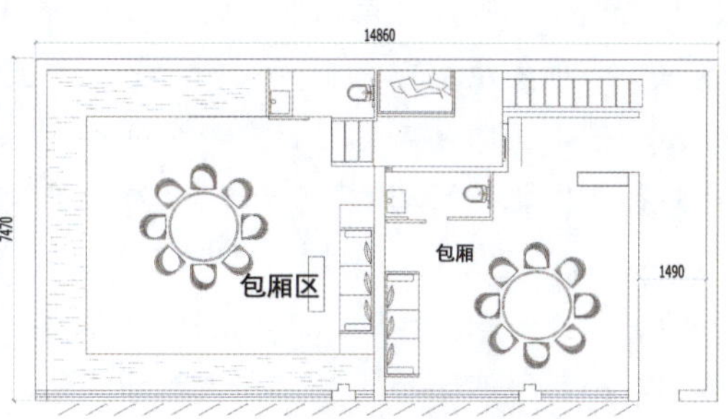

图 6-11　包厢区改造后平面图

依据空间及功能布局，包厢区主要分为三个区域：通道、小包厢及大包厢，如图 6-13

所示。在灯具布置功能上，根据建筑照明设计标准，中餐区的平均照度不低于 150lx 左右，过道平均照度不低于 50lx，且包厢餐区的亮度集中于餐桌中心，过道区亮度集中于行走的过道。不均匀的亮度设计带来了差异化的心理感受，如过道空间狭窄且充满了神秘感，如图 6-14 所示。通过过道后进入宽敞的房间，顿时有豁然开朗之感。包厢与庭院通过水景连为一体，整体亮度分布不均，但多集中在用餐区及等待区，营造出私密且高档的氛围。

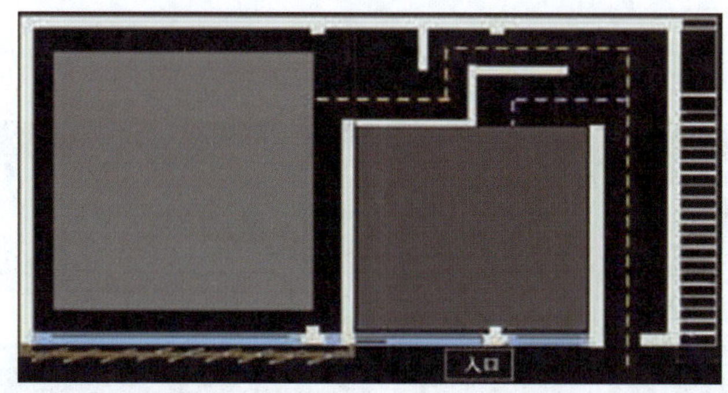

图 6-12 包厢区动线图

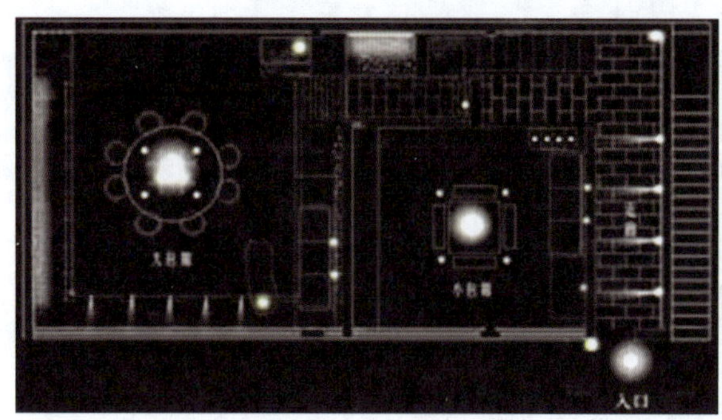

图 6-13 包厢区灯具布置图

图 6-14 过道效果示意

过道照明则摒弃常规顶面射灯和灯槽的布局范式，使用低位 3W 调光地射灯，使亮区集中于地面及水平面 1m 以下墙面，营造出昏暗压抑的氛围。小包厢和大包厢在照明手法上基本相同，亮区主要集中在用餐区的桌面及等候区。在桌面中心对应的顶面安装吊灯，提供基础照明的同时，灯具的装饰性也为空间增添了艺术氛围。在吊灯的四周安装 4~6 盏低色温金卤射灯，以保证菜品的高显色性。在等候区沙发和装饰边柜上安装落地灯，以提供功能照明。大包厢室内照明效果示意如图 6-15 所示。大包厢的室内照明效果与小包厢有所不同——在大包厢周边的临水部分安装 LED 灯带，将建筑从水体中烘托出来。包厢区照度分布伪色图如图 6-16 所示。

(4) 散座区亮度规划及照明设计分析

散座区包含收银、等候、餐区及卫生间。由于建筑主体采用内透光方式，建筑改造时拆除向内的外立面墙体并代之以透明玻璃，使室内空间的光线能够渗透出来，这样即使建筑室内融合于院落空间，又为内透光照明方式创造了条件，还让散座区域的建筑本体成为庭院中一处景色。散座区域原始空间较封闭，在空间上缺乏连续性，如图 6-17 所示。改造后，围绕水景依次布置收银、等待及就餐区，而水景处空间则作开放处理，以形成“移步换景”的效果。面向庭院的一面墙，其一半面积采用透明玻璃折叠门。该空间中多利用家具来划分区域，使得就餐区显得更加开放自由，如图 6-18 所示。

图 6-15 大包厢室内照明效果示意

图 6-16 包厢区照度分布图

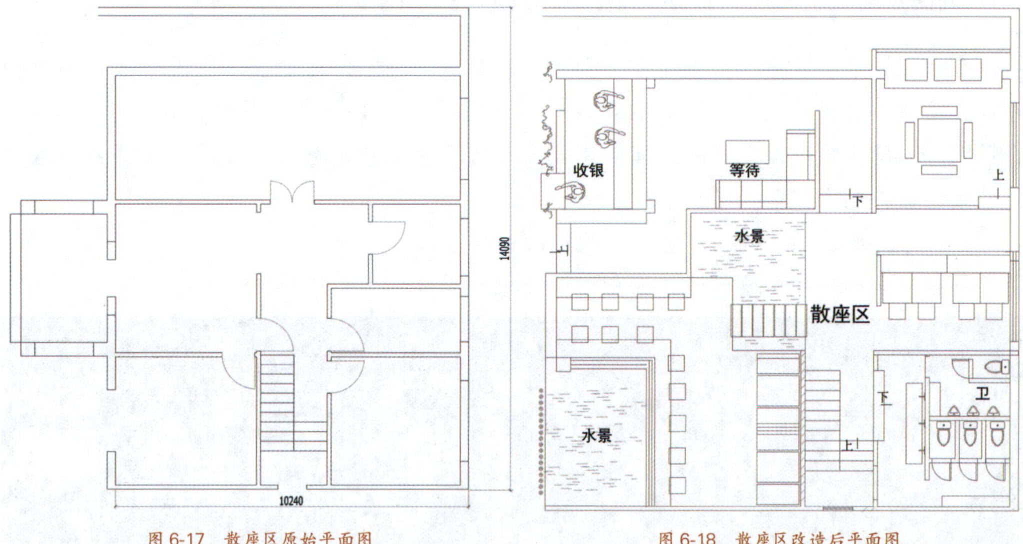

图 6-17 散座区原始平面图

图 6-18 散座区改造后平面图

在沿透明玻璃幕墙的餐区部分，对餐桌的菜品区进行重点照明，采用 5W 的 LED 低色温光源进行聚光照明，以凸显菜品的展示效果。水景区下沉地面以下 50cm，并做局部照明处理，使用水下高色温的淡紫色 LED 射灯斜向照明于水池周边。过道区延续了包厢区的照明处理手法，并未布置灯具，其照明主要是依赖于反射光线，仅在转角位置布置灯具以强调空间的转变。散座区照度分布伪色图如图 6-19 所示。

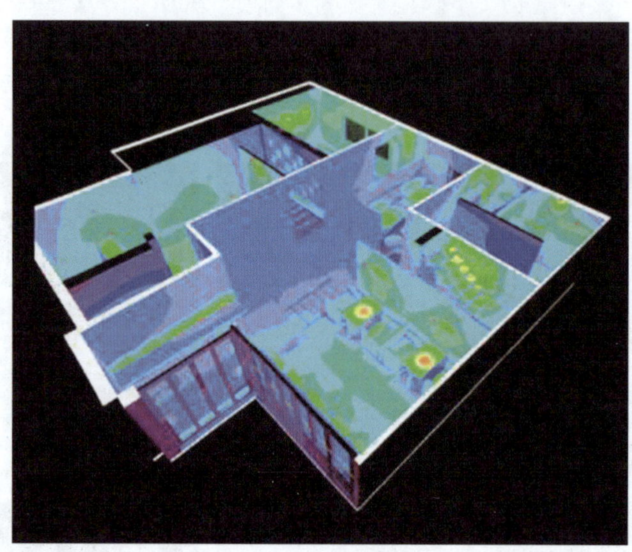

图 6-19 散座区照度分布图

4. 第四周：空间照明透视表现、立面图、剖视图及节点大样图

在前三周的设计中，主要是依据设计对象及功能定位，对项目平面进行区域划分和家具布置，并在确定空间使用者的需求后，进行灯具配置，力求营造特定的空间氛围。在第四周，学生根据前期空间整体的亮度设计及灯具布置，对主要立面及细部空间进行深化设计，并精心选配光源及灯具。

(1) 庭院区域(见图 6-20 至图 6-22)

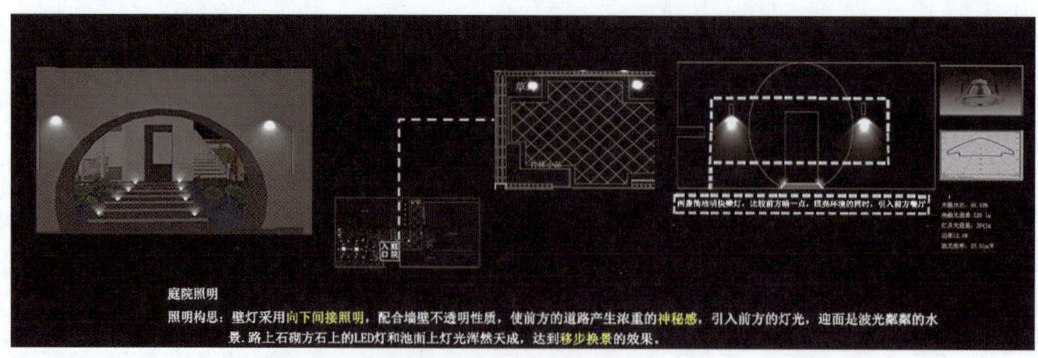

图 6-20 庭院区域照明设计 1

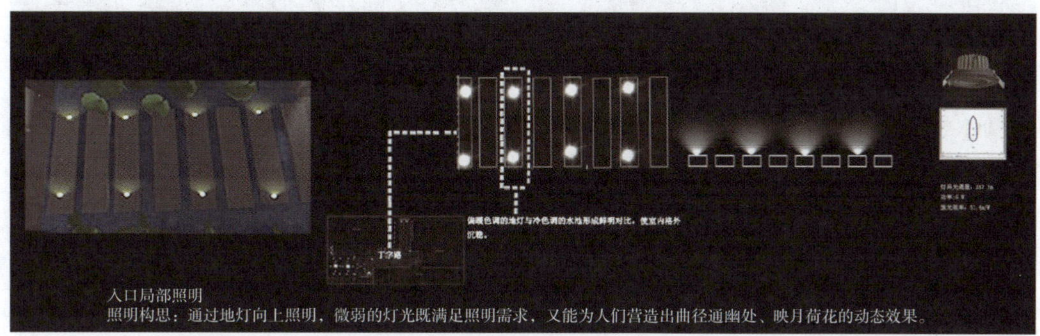

图 6-21　庭院区域照明设计 2

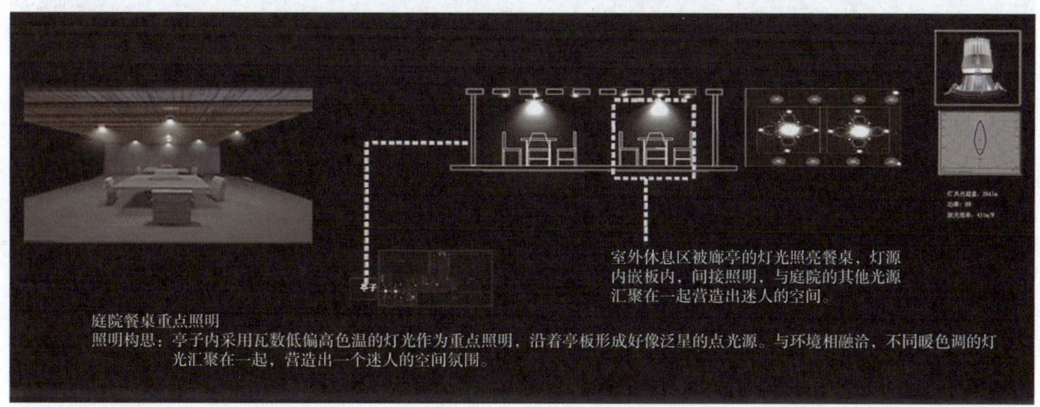

图 6-22　庭院区域照明设计 3

(2) 包厢区 (如图 6-23 至图 6-26 所示)

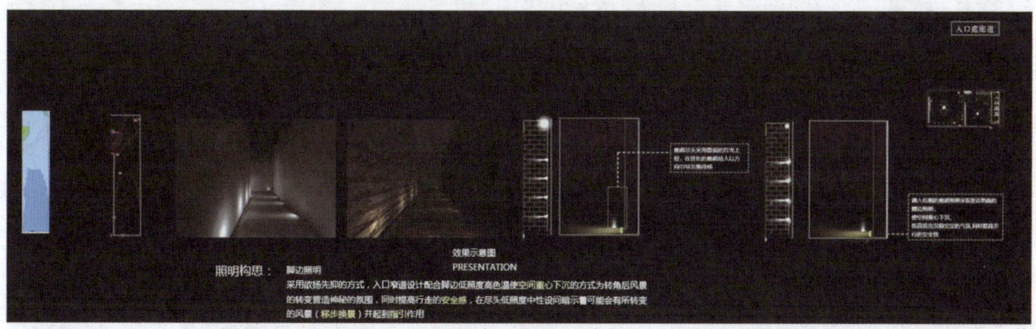

图 6-23　包厢区照明设计 1

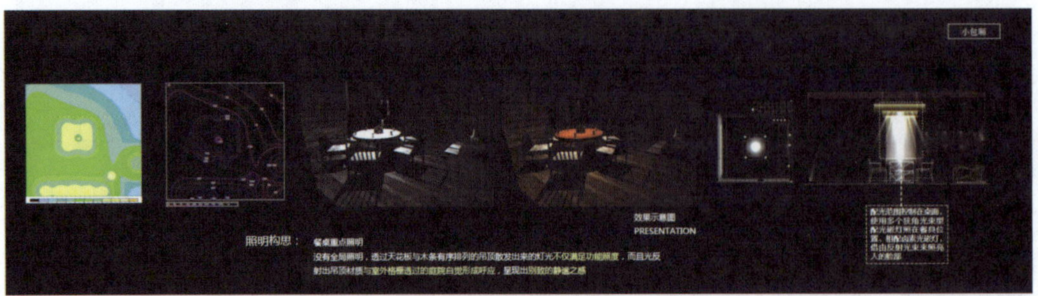

图 6-24　包厢区照明设计 2

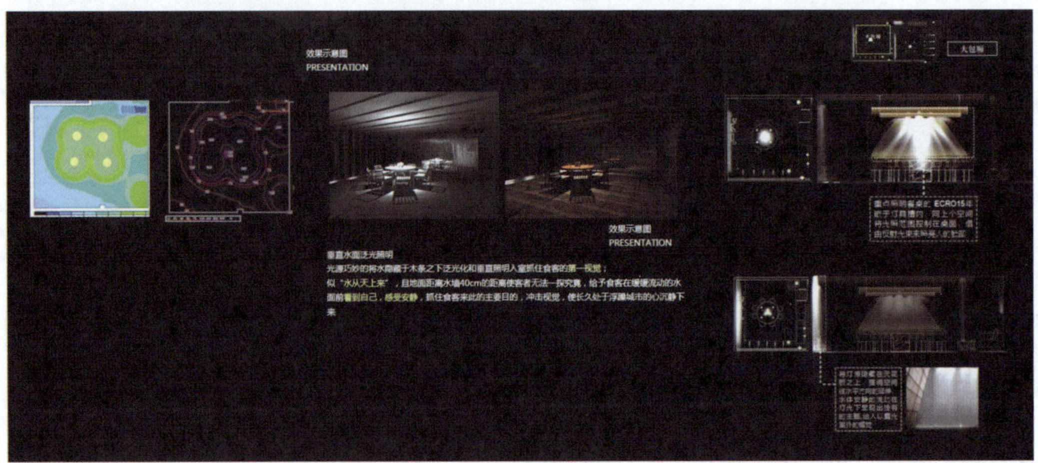

图 6-25　包厢区照明设计 3

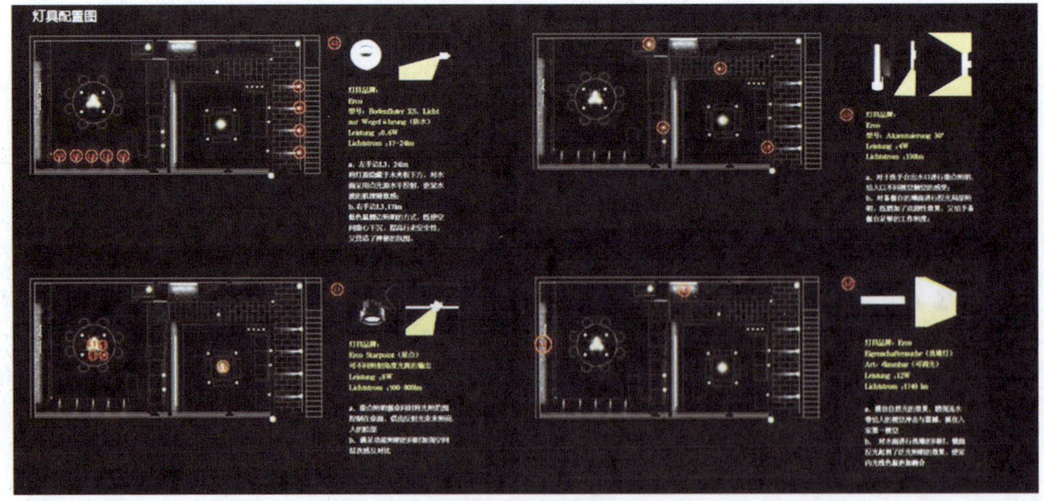

图 6-26　包厢区照明设计 4

(3) 散座区 (如图 6-27、图 6-28 所示)

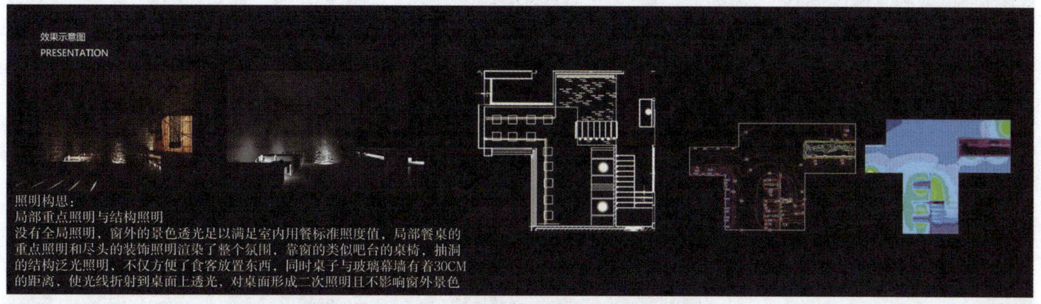

图 6-27　散座区照明设计 1

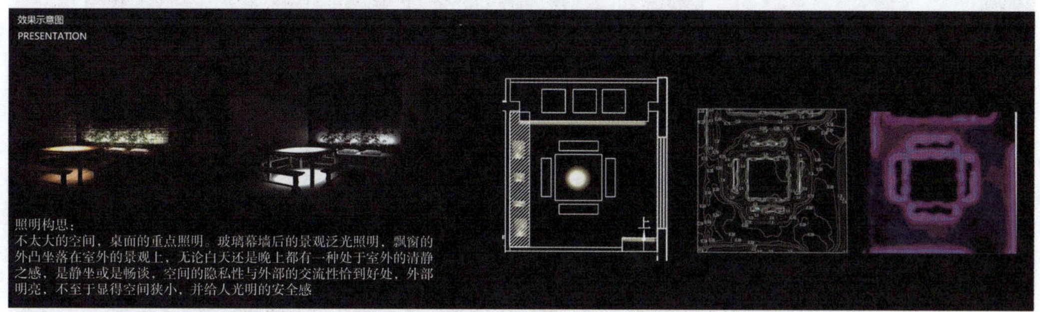

图 6-28　散座区照明设计 2

5. 第五周：课程设计成果排版及评讲

(1) 排版

根据课程设计内容要求，依照整体到局部的原则来整理设计内容，从亮度规划到细部灯具配置，并将前四周的相关内容进行排版，如图 6-29 至图 6-32 所示。

(2) 教师评语

这是一次将室内、景观设计与照明设计相结合的课程设计，尽管项目规模不大，但在五周时间内完成一次高质量的照明设计作业，对于学生及教师来说，都是一次极大的考验。在设计过程中，我们始终把握了两个方面：一是照明设计与空间设计的关系，二者应是相辅相成，互为补充并统一的关系，如为了形成建筑夜间的内透光照明效果，将建筑立面处理成透明形式；二是从整体构思再到细节完善，即先根据空间的具体要求和表达意念，对空间进行整体亮度规划，再对各个区域进行亮度设计，最后进行灯具配置。总的来说，这是一次尝试性的照明设计，在与同学们进行一个月的互动教学，并认真听取他们的体会和建议后，教师认为在以后的教学过程中还可以补充下列内容：

01 溯·院落改造及照明设计

Back yard transformation and lighting design

最好的环境应该是这样，
我们身处其中却不知道自然在哪里终哪里始
不做过多的装饰和陈设的渲染，在“流动”与“能量”中跟随
被指引着，感受自然与光带给我们最直接的触动
The best environment should be this way,
We are in the begining, but we don' t konw where to begin
Do not do too much decoration and frnishings rendering, in the "flow" and rnergy" to follow is to guide, feel natural and band to give us the most direct touch

区域三
区域二
区域一

区域划分及总体亮度分析
overall analysis of zoning and brightness

正对大门的地方是整个空间亮度最高（一级亮度）的地方，此处最亮逐步变暗到左手室内，二级亮的区域是右手室内的临窗的景观橱窗和大门的两侧，三级亮度是左手室内向外景观过度的灰空间，主要是为减缓从暗环境到明环境的明适应，景观中的重点照明也属于三级照明，其他的地方属于四级照明 但整体色温低亮度小。

实地考察改造前院落

Field investigation and reconstruction of the former courtyard

总平面灯光布置图
General layout of the light

区域示意图
Regional map

区域一

照度分布图
illumination distribution

区域二

伪色图
False color

区域三

照明实验
The lighting test

终日错错碎梦间，偷得浮生半日闲
relax, return to nature

图 6-29 照明设计方案 1

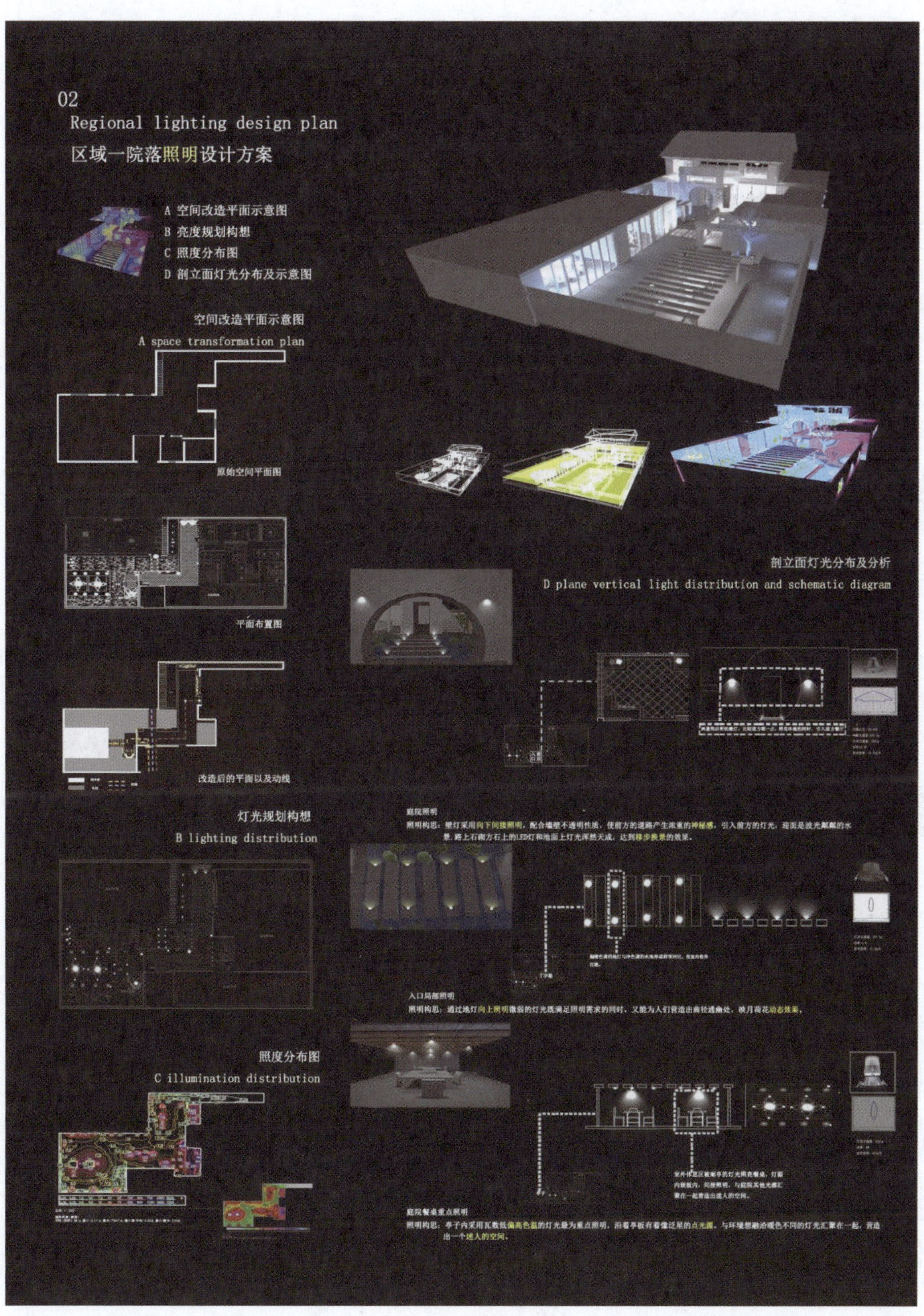

图 6-30　照明设计方案 2

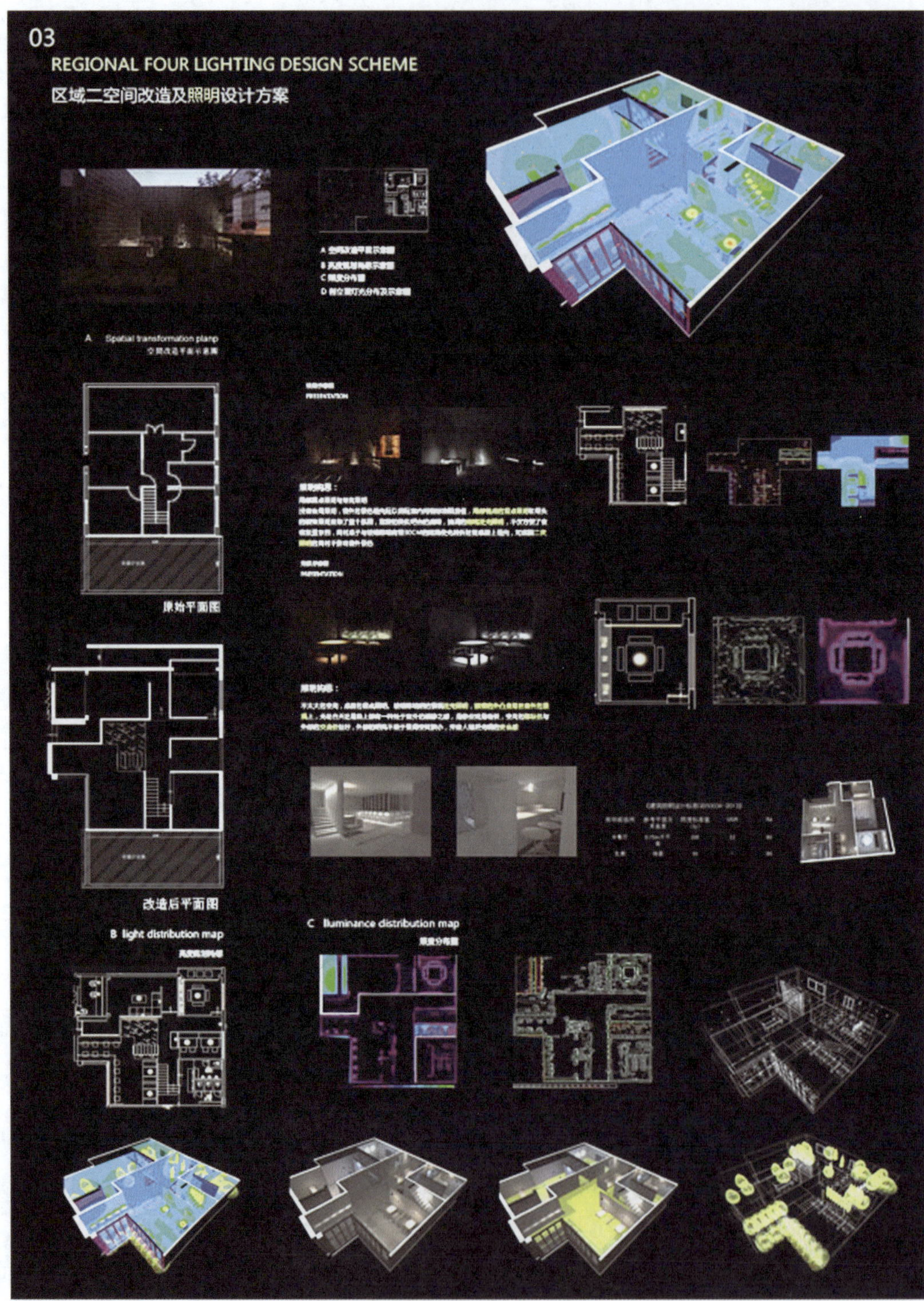

图 6-31 照明设计方案 3

图 6-32 照明设计方案 4

①增加介绍建筑与日照采光、自然光之间关系的相关内容，包括建筑中窗户的位置、形态构造、屋顶形制等。

②本次照明设计的主题不够明确，应确定主旨并尽量使用关键词来概括。

③对设计细节的补充，特别是对材料和灯具的技术处理应给予重视。

6.2 课程设计作业(二)

本次课程设计作业为居住空间照明设计，这是一次将照明设计与室内的空间、功能结合起来的课程设计。相较上一次课程设计作业而言，它更侧重于照明设计对空间概念的表达，旨在促进学生对照明知识形成更为全面、高级的掌握，锻炼他们用丰富的想象力演绎创造出令人感动的空间的能力，并能运用照明设计技巧将空间概念加以理性化的处理。

6.2.1 教学目的

第一，讲授照明设计基础知识，重点是设计转化的概念。

第二，通过实地调研分析课程设计中的照明设计应用和灯具类型。

第三，结合相关知识，把握建筑及室内设计与照明设计的关系，了解照明设计方法和流程，并在该方案中合理且恰如其分地综合运用，充分表达设计理念。

6.2.2 项目介绍

近些年，随着物质文明的丰富，人们对精神生活的需求也在逐步提高，而住宅作为人们长时间居住的场所，除了满足功能性需求外，也需要考虑使用者的心理内在需求。本课题将以照明设计为切入点，通过亮度设计来提升居住者的使用体验，以此作为本课程设计作业要探讨的问题。

本课程设计的方案为某个竞赛中的居住空间设计题目，该空间北面单向采光，周围为实墙环绕，面积大约为100m^2。原始平面呈现非结构性特征，为设计提供了较大的可操作空间，如图6-33所示。

6.2.3 设计内容

①根据功能定位，引入设计概念并进行空间规划，包含居住空间的起居室、餐厅、卧室、卫生间等基本功能空间。

②提出照明设想，引入相关概念。

③进行整体照明规划并落实。

④对建筑中人的行为进行分析，并据此完善氛围照明的细节。

⑤结合顶面图、剖面图进行灯具配置说明。

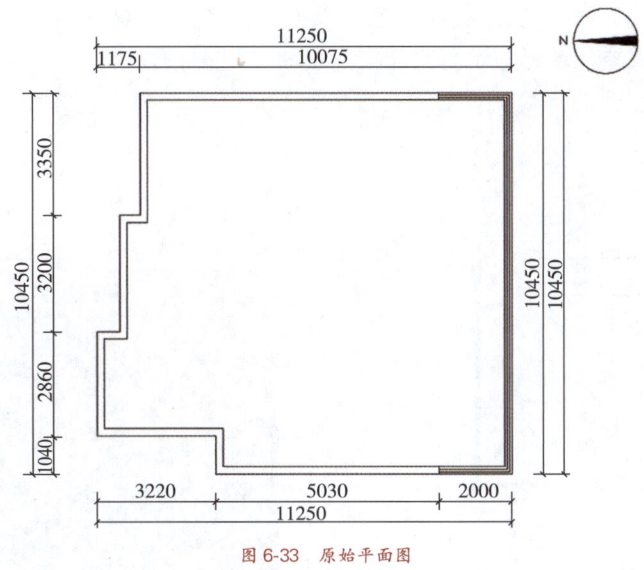

图 6-33　原始平面图

6.2.4　成果要求

1. 图纸形式及规格

A2 版面，并采用电子版，且分辨率不低于 350di，版面不少于 6 张。

2. 图纸内容

①建筑总平面图比例自定义。
②亮度分布规划图。
③灯具配置图。
④建筑、室内立面图(不小于 8 个)。比例大于 1∶50。
⑤建筑室内剖面(不小于 8 个)。比例大于 1∶40。
⑥节点详图。
⑦空间照明设计效果表现透视图 4 张。

6.2.5　设计阶段成果

1. 第一周：空间规划与功能布局

随着城市化进程的加快，人们在适应新生活环境的过程中，可能面临对新空间归属感不足的问题。如何增强空间的文化归属感，成为本课程设计重要的课题。设计者从空间概念和功能需求两方面入手：一是从传统绘画中提取古典元素，并将相关概念赋予空间形态设计。本设计的空间规划以《西园雅集图》(宋代李公麟创作)的空间模式为参照模板，采用分散式空间单元与游览路径相连接的空间布局方式；二是增加缓冲区域，旨在使人能驻足停留，进而激发对空间的想象，以此建立归属感，如图 6-34、图 6-35 和图 6-36 所示。

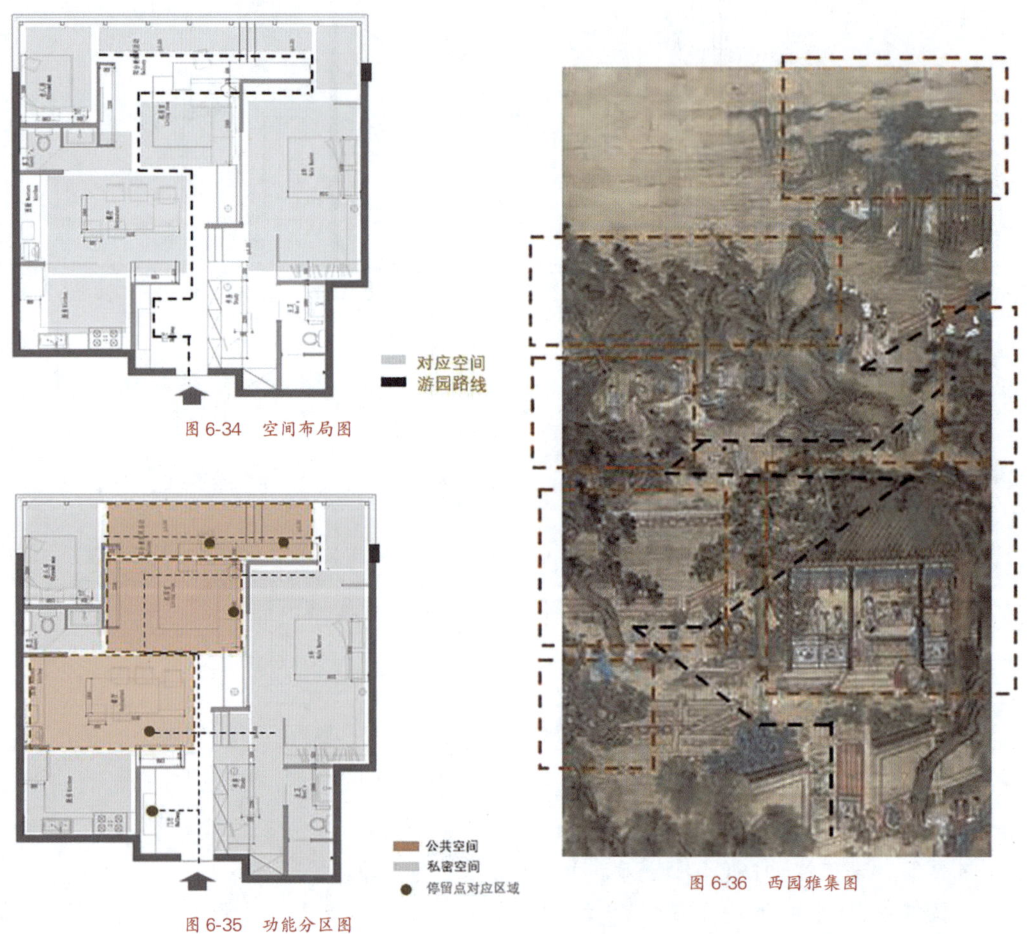

图 6-34 空间布局图

图 6-35 功能分区图

图 6-36 西园雅集图

《西园雅集图》是宋代李公麟创作的水墨纸本画。画中描绘了众多文人雅士聚会时的场景，包含挥毫用墨、吟诗赋词、抚琴唱和、打坐问禅等文化活动。设计者把画中整体场景划分为三大区域，每个区域又分为两个空间单元，并与画中的人物活动区域相对应，再通过游线从画面入口处进行各空间单元的串联。

在空间规划上，首先根据功能将空间划分为公共空间和私密空间，其次根据不同的功能性质划分成具体的空间单元，然后引入上述“西园雅集图”的空间布局模式并进行空间单元的串联，如图 6-34 所示。在空间功能上，在公共空间中增加具体的功能分区，要能使人驻足停留，如图 6-35 所示。

2. 第二周：照明设想及规划

在进行照明设计前，要对空间内部的整体照明进行规划，以便为分区照明提供指导性原则，亮度规划应遵循先整体后局部的顺序，从设定的概念层面入手来划分灯光的层次，再就每个具体的区域进行亮度设计，最后依据其中人的行为特征来调整照明方式。

(1) 概念引入

中国山水画擅长运用“三远”来进行取景与构图，人对空间的感受也往往通过图像来表达。本案的设计采取递进式的空间布局方式，以“三远”来构筑空间的亮度变化层次，表现人的视线感受，并在平面中通过不同的视线关系，营造出平远、深远和高远的空间意境，对应在空间视觉层面，则体现为亮度的朦胧、回环曲折和清晰明确的空间特点，如图 6-37 所示。将这三个清晰的亮度空间层次，对应在已生成平面布局的空间单元上，则可分为上部、中部和下部，如图 6-38 所示。

图 6-37　三远视线分析图

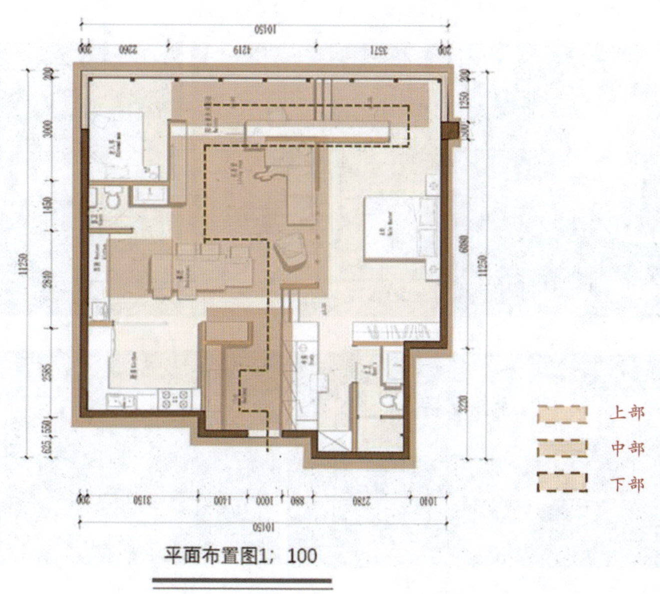

图 6-38　平面布局图

(2) 照明规划

在整体布局上，通过人工光把空间结构划分为暗、或明或暗到亮的三个层次，其中暗为下部、明暗为中部、亮为上部，如图 6-39 所示。

下部为门厅入口处，整体光照的氛围较朦胧，使人初入空间时感受到安静、放松的氛围，并能通过视线的穿透与中部的亮光源形成对比，使前部的氛围显得更加幽静，而中部则给人以开阔的感受。对应该区域的功能为储存、换鞋等，且因其空间较有围合感，具体的打光方式可分为竖向和横向，竖向灯光对坐立空间形成限定，所用材料为木饰板，旨在降低空间亮度，并以横向灯带和彩色大理石材料的运用增强了对下个空间的延伸性，如图 6-40、图 6-41 所示。

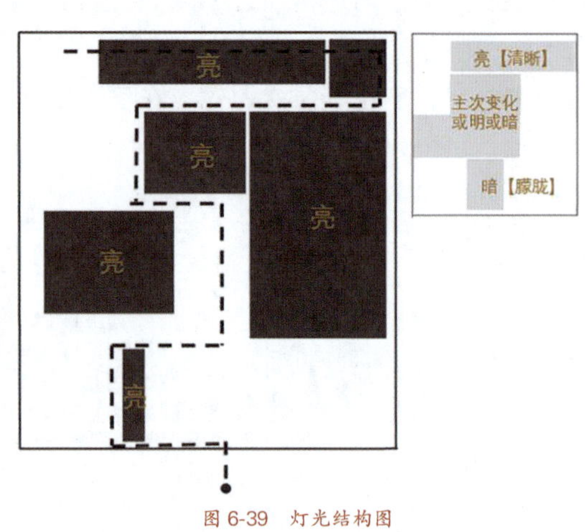

图 6-39 灯光结构图

图 6-40 视线分析图

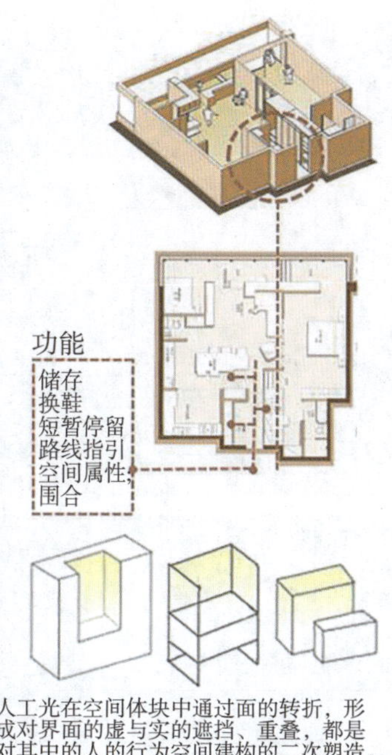

图 6-41　入口门厅效果图

中部为主要公共活动区域，包含客厅与餐厅，主景居中，是塑造空间氛围的主要区域，该区域的功能为小憩、娱乐、就餐等；其空间开敞，交流连通性强且变化丰富。灯光设置主要采用将自然光直接照明和人工光中体积光与点光相结合的方式，客厅中以体积光照射在白墙来塑造整个空间氛围，总体光源较亮，且较为丰富活泼；点光则用于局部照明，背景采用屏风材质，易于自然光射入。餐厅顶部与桌子对应，空间感拉伸增强且亮度集中，还具有较好的功能性性，灯光既分割两处空间，又保持了两者的相互连通。端部金属材料的反射不仅增强进深感，而且丰富了空间灯光的层次，如图 6-42 所示。

上部阳台区域与后部流动空间，是氛围表达的主要空间，或明或暗，或虚或实，灯光通过对端景的塑形以及对通道直径的延长，表现后期游园般的开阔意境。对应该区域的功能为通道、赏景、种植等，空间开敞联通。灯光设置主要采用自然光与人工光相结合的形式，自然光通过百褶窗时，入射角度发生改变，使光线折射在对应功能区，同样，光线的强度过渡对应了中部光线氛围，满足了人在不同时间段对自然光入射的需求，且其材质为白色透光，能较好地渲染意境；人工光通过顶部隔墙时，光线形成竖直向下的形状，限定出灯光的范围，营造出瀑布般壮阔之感，如图 6-43、图 6-44 和图 6-45 所示。

3. 第三周：根据人的行为对氛围照明的调整；灯具配置及照明计算

根据使用者在不同空间中的行为进行具体照明设置的调整，并通过剖面图与平面图相结合的方式进行呈现，如图 6-46 至图 6-52 所示。

图 6-42 中部客厅、餐厅效果图

图 6-43 上部阳台效果图

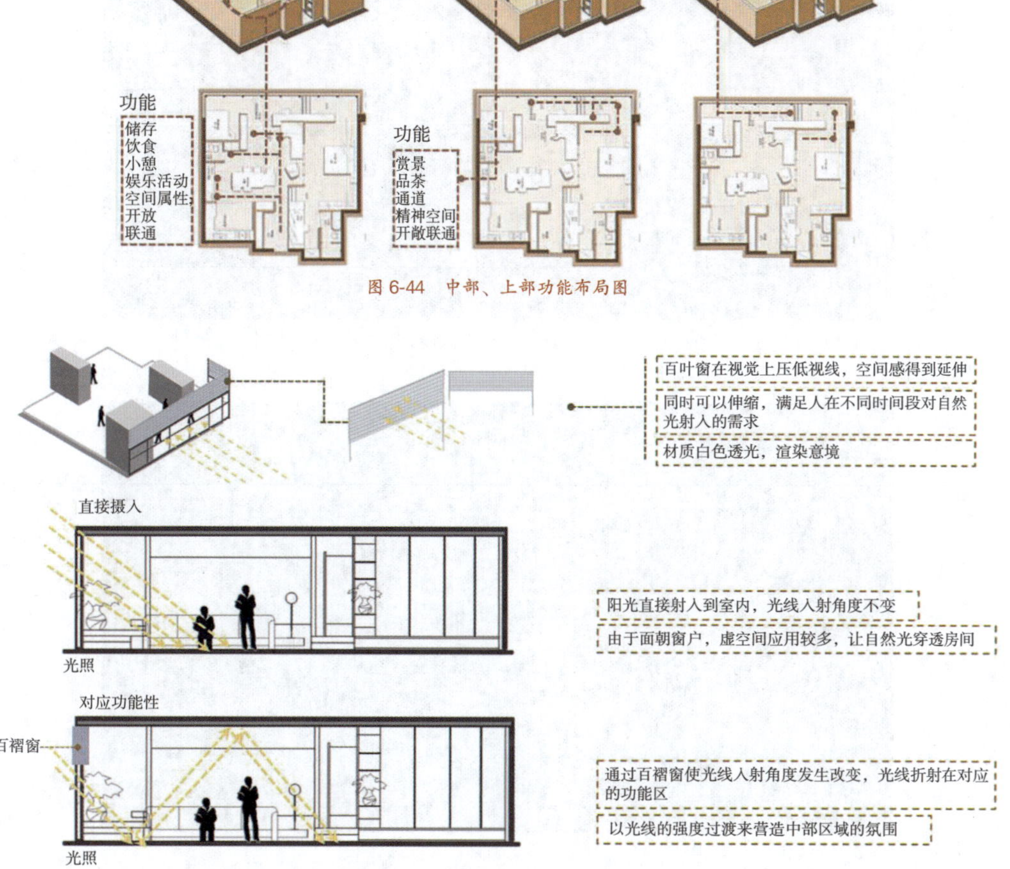

图 6-44　中部、上部功能布局图

图 6-45　上部自然光照射图

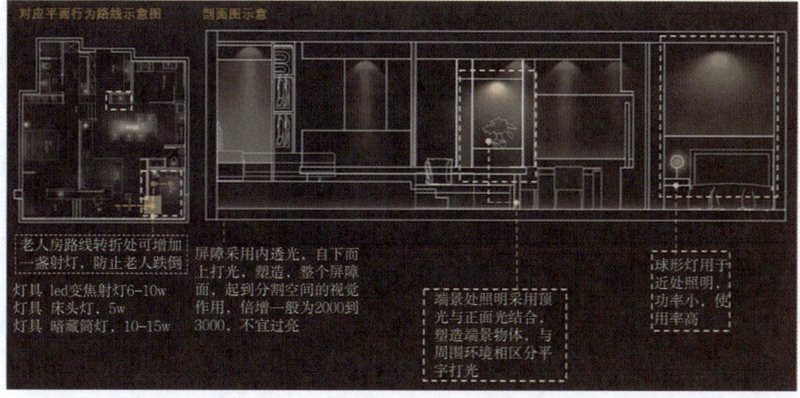

图 6-46　对应平面行为路线示意图

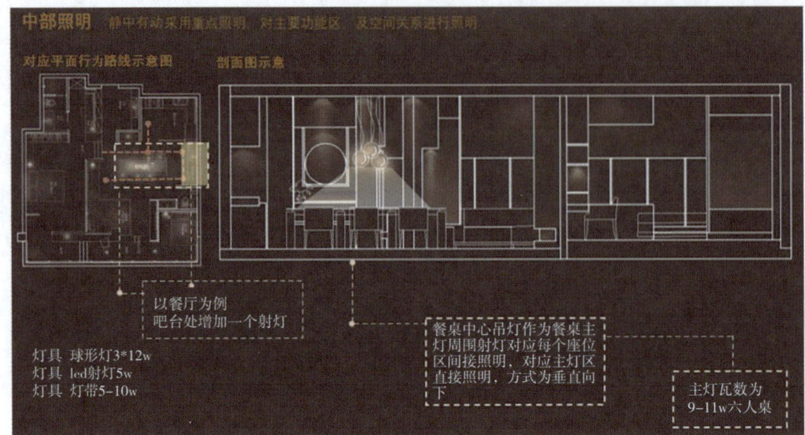

图 6-47 中部照明示意图

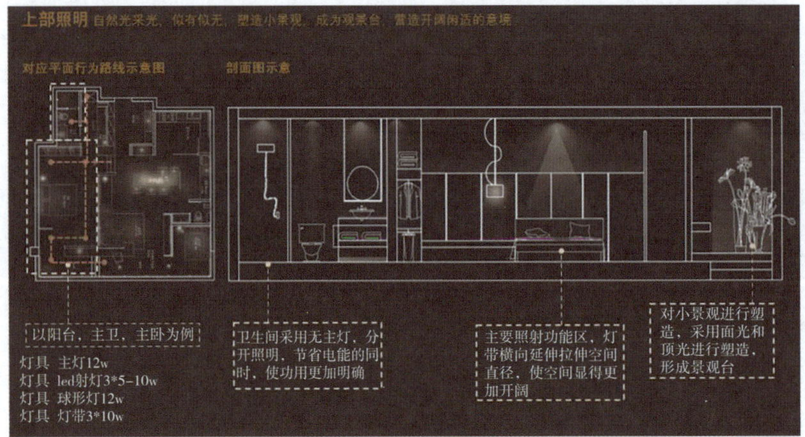

图 6-48 上部照明示意图

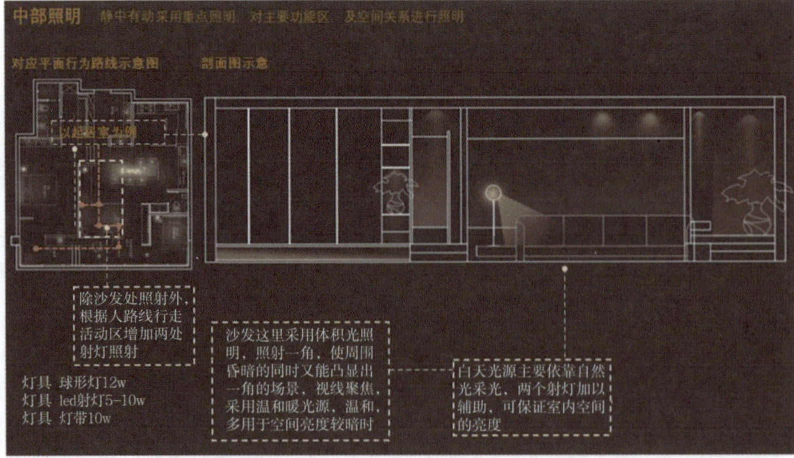

图 6-49 中部照明细节设计 1

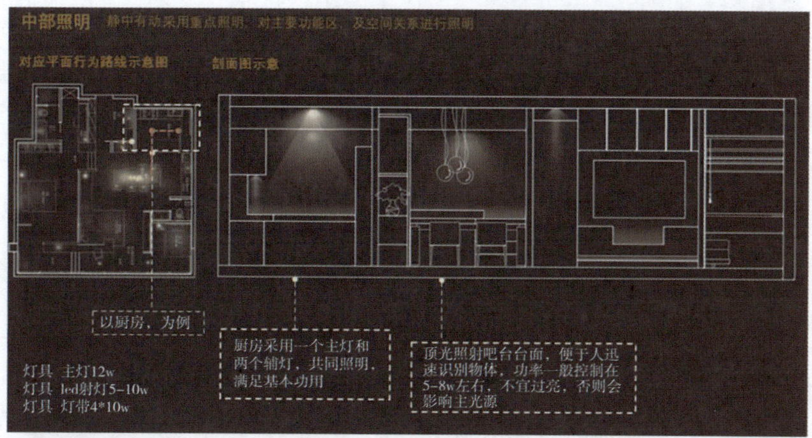

图 6-50　中部照明细节设计 2

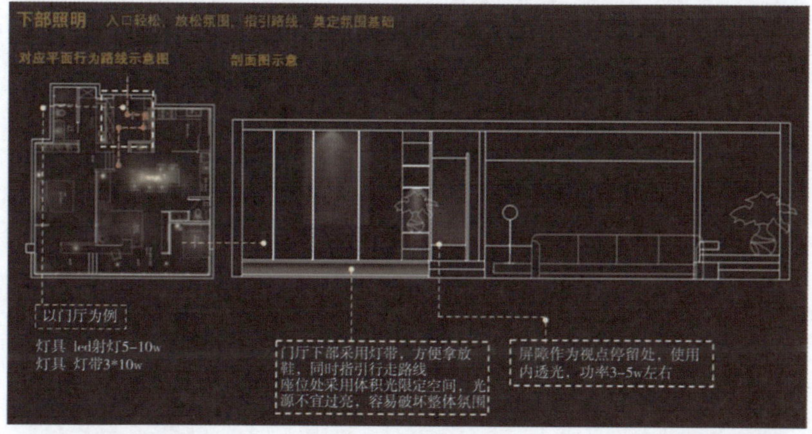

图 6-51　下部照明示意图

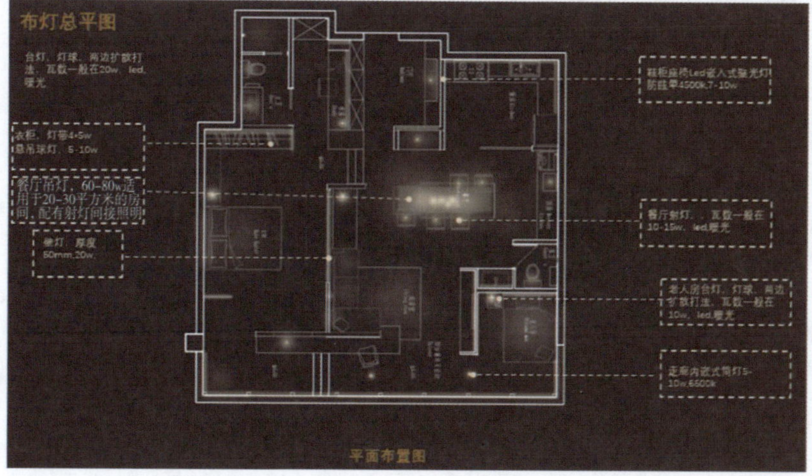

图 6-52　布灯总平图

4. 第四周：课程设计成果排版及评讲

根据课程设计内容要求，依据整体到局部的原则来整理设计内容，推动从整体方案概念到具体空间照明设计的落实，并将前三周的内容进行排版，如图 6-53 至图 6-56 所示。

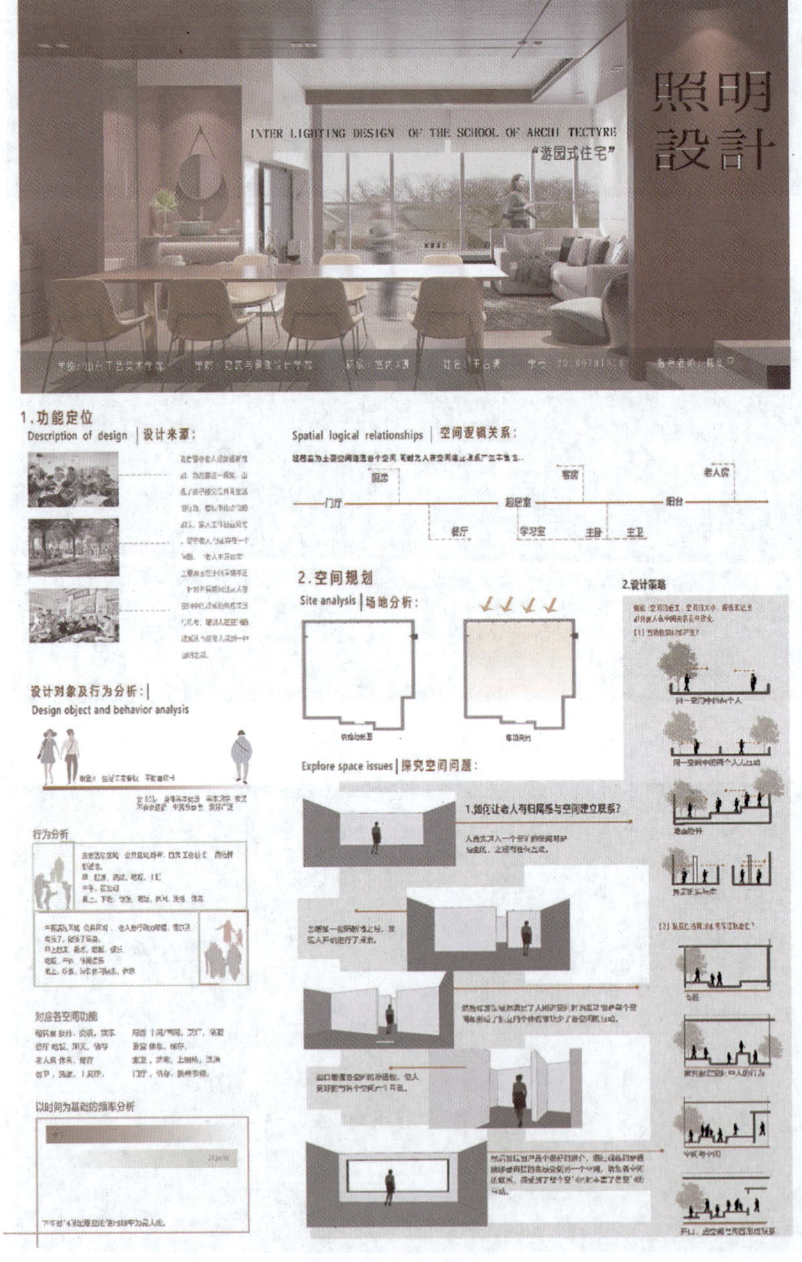

图 6-53 照明设计方案 1

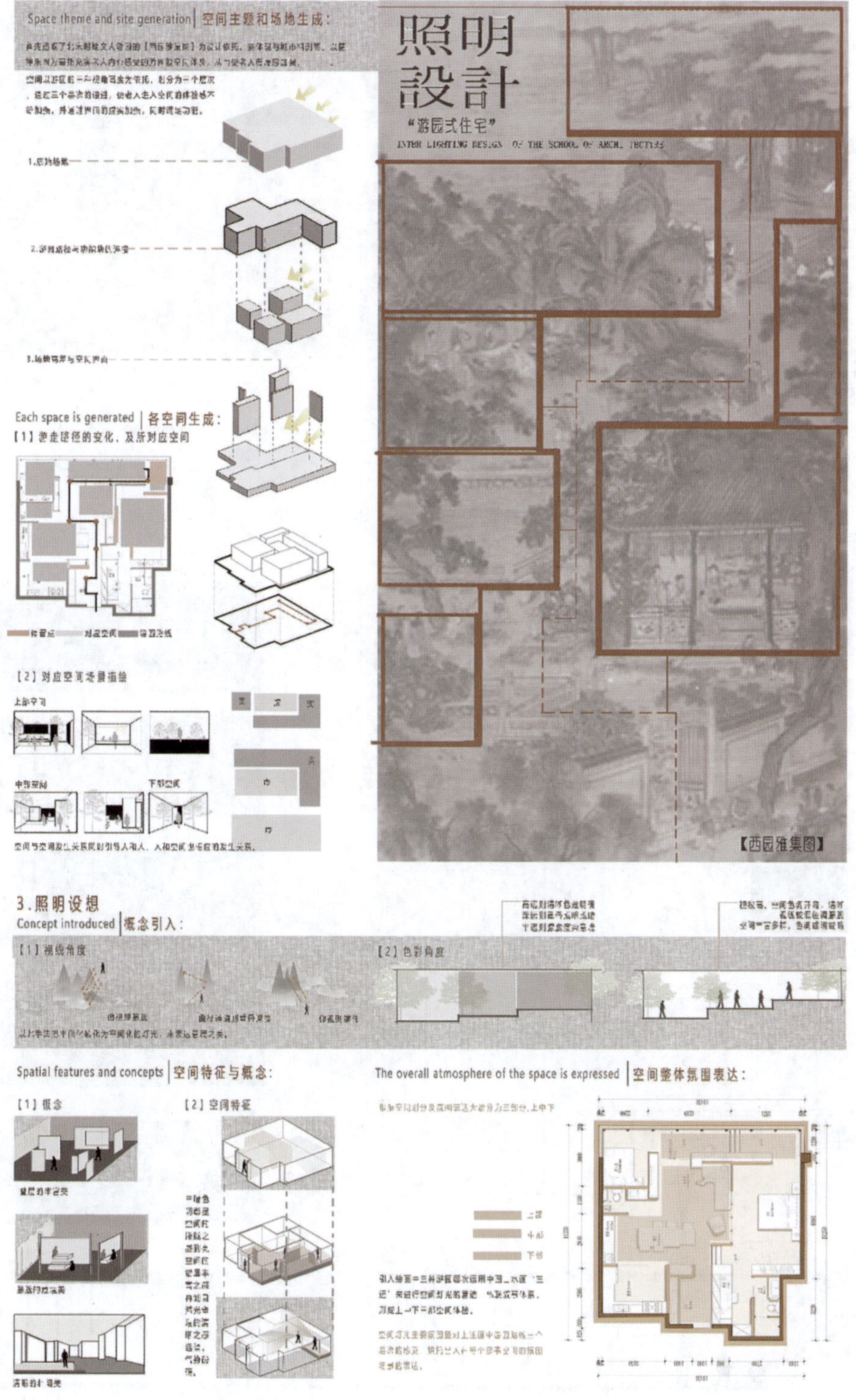

图6-54　照明设计方案2

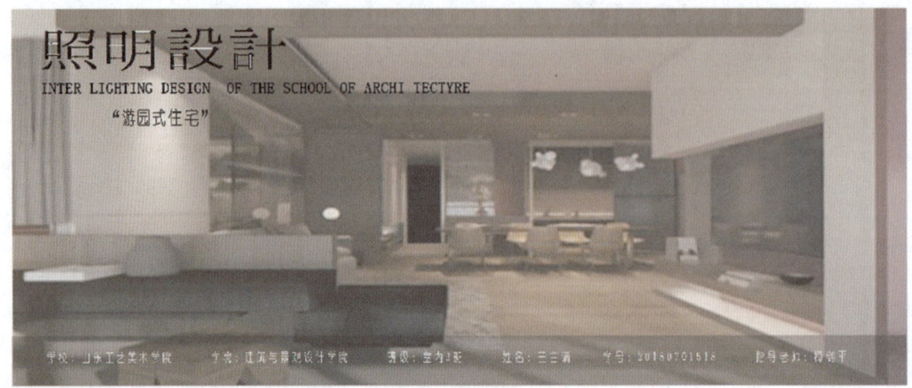

图 6-55 照明设计方案 3

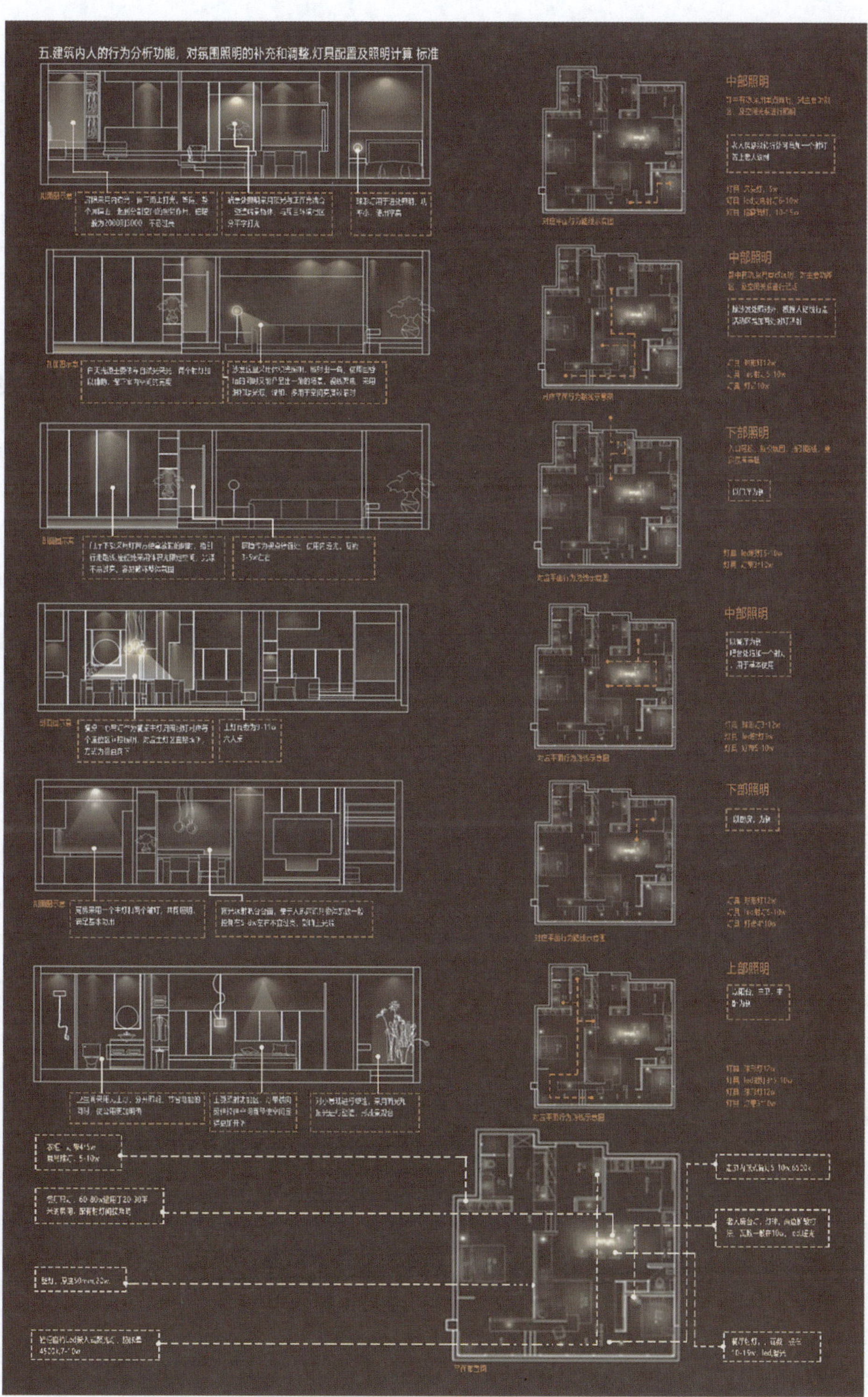

图 6-56　照明设计方案 4

参考文献

中文参考文献

[1][日]照明学会. 照明手册[M]. 李农，杨燕，译. 北京：科学出版社，2005.

[2]詹庆旋. 照明质量评价——定量的和非定量的[C]. 海峡两岸第六届照明科技与营销研讨会，1999.

[3]朱长岭. 中国家具业前景展望[J]. 家具，2011：14-18.

[4]穆亚平. 家具的视觉传达设计[J]. 西北林学院学报，2000，15(4)：87-90.

[5]胡庆奎，等. 板式民用家具专卖店科学光环境的营造[J]. 家具与室内装饰，2005.

[6]陆燕，姚梦明. 商店照明[M]. 上海：复旦大学出版社，2004.

[7]庞蕴凡. 视觉与照明[M]. 北京：中国铁道出版社，1993.

[8]申黎明. 人体工程学[M]. 北京：北京林业出版社，2010.

[9]章明. 视觉认知心理学[M]. 上海：华东师范大学出版社，1991.

[10]杨公侠. 视觉与视觉环境[M]. 上海：同济大学出版社，1985.

[11]郝洛西，杨公侠. 关于购物环境视觉诱目性的主观评价研究[J]. 同济大学学报，1998，2(5)：585-589.

[12]沈迎九. 垂直面照明——照明设计的重要表现方式之一[J]. 室内ID+C，2007(4)：80-83.

[13]李文华. 建筑与景观照明设计[M]. 北京：中国水利水电出版社，2014.

[14]曾宪楷. 视觉传达设计[M]. 北京：北京理工大学出版社，1991.

[15]杨公侠. 标志设计中的工效学[J]. 照明工程学报，1992(4)：13-20.

[16]福多佳子. 照明设计[M]. 北京：中国青年出版社，2015.

[17]X-knowledge Co，LTD. 照明设计终极指南[M]. 武汉：华中科技大学出版社，2015.

外文参考文献

[1]Veitch，J. A. Psychological processes influencing lighting quality. Journal of the Illuminating Engineering Society，2001，30(1)：124-140.

[2]Nik Maheran Nik Muhammad. Influence of shopping orientation and store image on patronage of furniture store. International Journal of Marketing Studies，2010：175-184.

[3]Giraldi，J. M. E. et al. Retail store image：a comparison among theoretical and empirical dimensions in a Brazilian study，2005.

[4]R. Michon et al. The interaction effects of the mall environment on shopping behavior. Journal of Business Research，2005，58：576-583.

[5]Donovan et al. The interaction effects of the mall environment on shopping behavior. Journal of Retailing，1994，70(3)：283-294.

[6] Kordelia Spies et al. Store atmosphere and purchasing behavior. Journal of Research in Marketing, 1997(14): 1-17.

[7] Ingrid Vogels. Atmosphere Metrics: a tool to quantify perceived atmosphere, 2008. http://www.ambiances.net/files/Colloque%202008%20Grenoble/amb8-1vogels.pdf.

[8] Stevens, S. S. The psychophysics of sensory function in W. A. Rosenblith (Eds.) Sensory Communication, Cambrigde, 1961.

[9] Davis, R. G. & Ginthner, D. N. Correlated color temperature, illuminance level, and the Kruithof Curve. Journal of the Illuminating Engineering Society, 1990(19): 27-38.

[10] Baron, R. A., M. S. Rea and S. G. Daniels. Effects of indoor lighting (illuminance and spectral Distribution) on the performance of cognitive tasks and interpersonal behaviors: The potential Mediating role of positive affect. Motivation and Emotion, 1992(1): 1-33.

[11] McCloughan, C. L. B., Aspinall, P. A. & Webb, R. S. The impact of lighting on mood. Lighting Research and Technology, 1999(31): 81-88.

[12] Ays-e Durak et al. Impact of lighting arrangements and illuminances on different impressions of a room. Building and Environment, 2007(42): 3476-3482.

[13]T. A. M. van Erp, The effects of lighting characteristics on atmosphere perception. Eindhoven University of Technology-Department of Technology Management Educational Program Technical Innovation Science Master's Program Human Technology Interaction, 2008.

[14]Knez, I. & Enmarker, I. Effects of office lighting on mood and cognitive performance, and a gender effect in work-related judgement. Environment and Behavior, 1998(4): 553-567.

[15]Knez, I. & Kers, C. Effects of indoor lighting, gender and age on mood and cognitive performance. Environment and Behavior, 2000(6): 817-831.

[16]De Boer J. B. et al. Nterioe Lighting. (2nd, Edt), Philips Technical Library. Kluwer Technische Boeken B. V-Denverter-Antwerpen, 1981: 97-100.

[17]Bodmann H. W. Quality of interior lighting based on luminance. Transactions of the IES, London: 1967, 3(1): 22-40.

[18]Davis Robert G et al. Correlated color temperature, illuminance level, and the Kruithof curve. J. I. E. S. Winter, 1990: 27-38.

[19]Boyce P R et al. Effect of correlated colour temperature on the perception of interiors and colour discrimination performance. Lighting Research and Technology, 1990, 22(1): 19-36.

[20] D K Tiller & Veitch. Perceived room brightness: Pilot study on the effect of luminance distribution, 1994, 27(2): 93-101.

[21] Kw House et al. The subjective response to linear fluorescent direct/indirect lighting system. Lighting Research Technology, 2002, 34(3): 243-264.

[22] Seiders, K. and Costley, C. L. Price awareness of consumers exposed to intense retail rivalry: a field study, Advanced in Consumers Research, 1994, 21: 79-85.

[23] Fleischer, S., Krueger, H. & Schierz C. Effect of brightness distribution and light colours on office staff. The 9th European Lighting Conference Proceeding Book of Lux Europa, 2001: 77-80, Reykjavik.

[24] Flynn, J. E. A study of subjective responses to low energy and nonuniform lighting systems. Lighting Design and Application, 1977(7): 6-15.

[25] Flynn, J. E., Spencer, T. J. The effect of light source color on user impression and satisfaction. Journal of the Illuminating Engineering Society, 1977(6): 167-179.

[26] Graziano, A. M. & Raulin, M. L. Research Methods: A Process of Inquiry. Fifth edition. Allyn and Bacon, 2004.

[27] Harrington, R. E. Effect of color temperature on apparent brightness. Journal of the Optical Society of America, 1954, 44(2): 113-116.

[28] Higgins, K. E. , Jaffe M. J. , Caruso, R. C. & deMonasterio, F. M. Spatial contrast sensitivity: effects of age, test-retest, and psychophysical method. Journal of the Optical Society of America, 1988(5): 2173-2180.

[29] Hygge, S. & Knez, Effects of noise, heat and indoor lighting on affect and cognitive. Performance. Journal of Environmental Psychology, 2001, 21: 291-299.

[30] Lazarus, R. S. Emotion and adaptation. New York: Oxford University Press, 1991.

[31] Ekman, P. An argument for basic emotions. Cognition and Emotion, 1992(6): 169-200.

[32] Mehrabian, A. , & Russell, J. A. The basic emotional impact of environments. Perceptual and Motor Skills, 1974(38): 283-301.

[33] Watson D, Clark LA, Tellegen A. Development and validation of brief measures of positive and negative affect: the PANAS scales. Journal of Personality and Social Psychology, 1988, 54(6): 1063-1070.

[34] Russell J. A, Ward L. M & Pratt G. Affective quality attributived to environments: A factor analytic study. Environment and Behavior, 1981(13): 311-322.

[35] Julie Baker, A Parasuraman, Dhruv Grewal, Glenn B Voss. The influence of multiple store environment cues on perceived merchandise value and Patronage intentions. Journal of Marketing, 2002, 66(2): 120.

[36] Turley, L. W. & Miliman, R. E. Atmospheric effects on shopping behavior: a review of the experimental evidence, Journal of Business Research, 2000(49): 193-211.

[37] Bitner, M. J. Evaluating service Encounter: The Effects of Physical Surroundings and Employee Responses. Journal of Marketing, 1990(54): 69-84.

[38] Baker, J., Parasuraman, A., Grewal, D & Vos, G. B. The influence of multiple store environment cues on perceived merchandise value and patronage intentions. Journal of Marketing, 2002(66): 120-141.

[39] Küller, R. Ballal, S. & Laike, T. The impact of light and colour on psychological mood: a cross-cultural study of indoor work environments. Ergonomics, 2006(49): 1496-1507.

[40] P. Custers et al. lighting in retail environments: Atmosphere perception in the real world. Lighting Research Technology, 2010 (42): 331-343.

[41] Kw House et al. The subjective response to linear fluorescent direct/indirect lighting system. Lighting Research Technology, 2002, 34(3): 243-264.

[42] Dale K. Tifler et al. Semantic differential scaling: Prospects in lighting research. Lighting Research Technology, 1992, 24(1): 43-52.

[43] G. A. Alvarez and P. Cavanagh, The Capacity of Visual Short-term Memory Is Set Both by Visual Information Load and by Number of Objects. Psychological Science, 2003, 15(2).

[44] Sekuler, R. & Blake, R. Perception. 4th edition. New York: McGraw-Hill, 2002.

[45] Dale K. Tifler and Mark S. Rea Semantic differential scaling: Prospects in lighting research. Lighting Research and Technology, 1992, 24(1): 43-52.

[46] Boyce, P. R. Human factors in lighting. London: Taylor & Francis, 2003.

[47] Küller, R. Ballal, S. & Laike, T. The impact of light and colour on psychological mood: a cross-cultural study of indoor work environments. Ergonomics, 2006(49): 1496-1507.

[48] Veitch, J. A. & Newsham, G. R. Lighting quality and energy-efficiency effects on task performance, mood, health, satisfaction and comfort. Journal of the Illuminating Engineering Society, 1998(27): 107-129.

[49] Watson, D., Clark, L. A. & Tellegen, A. development and validation of brief measures of positive and negative affect: The Panas scales. Journal of personality and social psychology, 1988 (54): 1063-1070.

[50] Whyte, W. H. The social life of small urban spaces. Washington, DC: The Conservation Foundation. 1980, Beijing, China.

[51] Pett, M. A., Lackey, N. R. & Sullivan, J. J. Making sense of factor analysis: The use of factor analysis for instrument development in health care research. Thousand Oaks, CA: Sage. 2003.

[52] Russell, J. A., Weiss, A. & Mendelsohn, G. A. The affect grid: A single-item scale of pleasure and arousal. Journal of Personality and Social Psychology, 1989(57): 493-502.

[53] Smith, E. E., Nolen-Hoeksema, S., Fredrickson, B. L. & Loftus, G. R. Atkinson & Hilgard's Introduction to Psychology. Belmont: Wadsworth/Thomson Learning, 2003.

[54] Uchikawa, K. & Ikeda, M. Accuracy of memory for brightness of colored lights measured with successive comparison method. Journal of the Optical Society of America, 1986, 3(1): 34-39.

[55] Van Keersop, A. T. & Vogels, I. M. Luminance and chromaticity stability of various light sources. Technical Note PR-TN 2007/00874 (draft). Koninklijke Philips electronics N. V. 2007.